Web开发技术丛书

React Hooks
开发实战

REACT HOOKS ENTERPRISE
DEVELOPMENT IN ACTION

鬼哥 著

机械工业出版社
China Machine Press

图书在版编目（CIP）数据

React Hooks 开发实战 / 鬼哥著 . —北京：机械工业出版社，2022.12
（Web 开发技术丛书）
ISBN 978-7-111-71833-8

I. ①R⋯　II. ①鬼⋯　III. ①移动终端 – 应用程序 – 程序设计　IV. ①TN929.53

中国版本图书馆 CIP 数据核字（2022）第 192566 号

React Hooks 开发实战

出版发行：机械工业出版社（北京市西城区百万庄大街 22 号　邮政编码：100037）

责任编辑：罗词亮　　　　　　　　　　　　　　责任校对：梁　园　　王　延

印　　刷：三河市国英印务有限公司　　　　　版　　次：2023 年 1 月第 1 版第 1 次印刷

开　　本：186mm × 240mm　1/16　　　　　　印　　张：17

书　　号：ISBN 978-7-111-71833-8　　　　　定　　价：89.00 元

客服电话：（010）88361066　68326294

Preface 前　言

为什么要写本书

曾几何时，前端圈盛传这样一句话："小公司用 Vue，大公司用 React。如果自己不去大公司，只要学会 Vue 就可以了，没有学习 React 的必要。"难道真的是这样吗？并不是！这句话放到 2016～2019 年没有什么错，也确实代表着当时的市场情况，但是国内互联网在经过 2019 年之后的高速发展，React 的使用量在国内有了很大的增长。我们再来看看 Stack Overflow 2022 年关于 Web 框架使用情况的问卷调查，见右图。

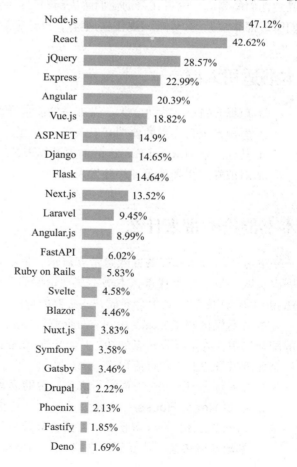

Node.js	47.12%
React	42.62%
jQuery	28.57%
Express	22.99%
Angular	20.39%
Vue.js	18.82%
ASP.NET	14.9%
Django	14.65%
Flask	14.64%
Next.js	13.52%
Laravel	9.45%
Angular.js	8.99%
FastAPI	6.02%
Ruby on Rails	5.83%
Svelte	4.58%
Blazor	4.46%
Nuxt.js	3.83%
Symfony	3.58%
Gatsby	3.46%
Drupal	2.22%
Phoenix	2.13%
Fastify	1.85%
Deno	1.69%

由右图可以很直观地看到 React 在前端框架中的地位。想必大家此时会有疑惑，这本书的主角是 React Hooks，React 使用率高，并不代表 React Hooks 的使用率就高呀！为此笔者在几个前端技术群做了一个问卷调查，调查的结果大致如下页图所示。

基于上面两个问卷调查，笔者决定写一本 React Hooks 实践指导书。因为上面的调查说明读者需要这样一本书，而且有越来越多的人正在加入 React Hooks 的阵营。当然，还有一个更重要的原因：网络上关于 React Hooks 的学习资料相对匮乏，现有的资料大多只是对 React Hooks 进行概念性介绍，而实操性介绍很少。读者如果通过这些资料来入门 React Hooks，不仅会浪费大量时间，而且容易产生错误理解，走入歧途。学习一门新技术，如果开始的理解就是错误的，那么随着后续的不断使用，会连锁出现理解错误。

React Class	36.1%
React Hooks	30.9%
两者都有	33.0%

笔者经常遇到 React Hooks 新人在技术交流群里问技术难点问题，从其言语之中能够感受到他们的焦虑。笔者在帮助他们解决问题时提到自己想写一本关于 React Hooks 的书，他们听后都非常激动，并且不断鼓励笔者，这让笔者下定决心把这本书写好。

本书适用人群

- ❏ 想提升自己、为进入大厂做准备的前端开发人员。
- ❏ 想规范项目开发的前端开发人员。
- ❏ 其他想学习 React Hooks 的前端开发人员。
- ❏ 对前端有兴趣的服务端开发人员。

本书能给你带来什么

学习一门技术最好的方式是带着需求、带着目的学习。1000 次理论讲解可能都比不过一次实践。基于这个观点，本书不从理论层面介绍 React Hooks，而从实战层面讲解 React Hooks 的使用方法，其中会穿插一些必要的理论介绍。

本书不仅讲解了 React Hooks 的企业级实践，而且讲解了 React Hooks 与 React Redux 的配合使用。为了提升读者的知识广度，本书还通过一个实际案例（第 7 章）完整呈现了大厂企业级项目的上线发布流程。

本书主要从如下 7 个方面进行讲解，帮助读者真正学会并掌握 React Hooks 技术。

- ❏ **初识 React Hooks**：主要为了让读者初步认识 React Hooks，了解与其他前端框架相比 React Hooks 有什么独特的优势及特点。
- ❏ **基础环境搭建**：从 0 到 1 搭建 React Hooks 项目开发环境，手写 Webpack 配置。

❑ **核心 API 原理解读与实践**：结合实际场景对 React Hooks 的每个 API 进行讲解，帮助读者掌握 React Hooks 的基础使用方法，并知道如何在各种场景下合理使用 React 的每个 API，让读者知其然亦知其所以然。

❑ **React Redux 原理解读与实践**：解读 Redux 源码，并且通过实践案例学习 React Redux。

❑ **React Hooks 常见问题解析**：解析一些真实开发场景下的问题，通过实例化讲解，让读者在实际开发中解决此类问题时游刃有余。

❑ **常见的企业级 Hooks 解读**：分享一些常用优秀的 Hooks 库，以提升读者的开发效率，并讲解这些 Hooks 库的具体使用场景与使用方式。

❑ **企业级 React Hooks 项目架构与实战**：通过一个实际的电商后台管理系统项目，搭建一个大型企业级通用开发环境，讲解一些标准化的目录，以及标准化的 AJAX 请求封装、组件封装、权限封装、通用工具函数封装、企业级开发规范等内容。

通过对本书的学习和实战，读者将不仅能掌握 React Hooks 的企业级开发实战技巧，还能深入理解 React Hooks，从而写出高质量的企业级代码。

如何阅读本书

阅读本书需要掌握的基础知识有 JavaScript、ES6、CSS、HTML、Webpack、网络基础、React 基础。其实不仅是阅读本书，学习 React Hooks 这门技术需要的基础知识也只有这么多。

那么具体如何阅读本书呢？

1. 阅

读一本技术书和读一本小说的区别还是很大的。读小说最重要的是专注，而读技术书，除了专注，还需要思考和实践（写代码）。这里所说的思考是指带着问题去学习。带着问题去学习，即使是学习一个简单的 API 也会有不一样的收获。比如，我们学习 React Hooks 时就可以带着如下问题：

❑ 为什么使用 React Hooks 的人越来越多而使用 Class 的人越来越少？

❑ React Hooks 和 React Class 有什么区别？

读者只有带着问题去学习，才会产生属于自己的理解，否则对新知识的理解会一直停留在使用层面。当然，上述问题仅是举例，大家应该列出自己的问题。

那么这里所说的实践指的又是什么呢？在阅读本书的时候，请务必动手实现每一章的代码。即使看似很简单的代码，笔者也建议读者动手写一遍。自己手写过后，再对着代码阅读书中对应的文字解释，然后思考代码为什么这么写，在实际开发中要如何用，这样就会很快学会对应的内容。

2. 练

记住，代码是写出来的，不是看或者听出来的！无论看书还是看视频，都要自己动手把相关的代码写出来。比如，阅读完本书以后，会发现自己手中有大量的代码（学习过程中写了很多代码），这个时候应该把这些代码再重新写十几遍。此时脑中留下的就只有代码及其逻辑了，而不是那些枯燥的文字。只有手上真真切切有了一个可运行的企业级的项目架构，才算是真正完成了对本书的阅读和学习！

3. 运用

笔者虽然经历过很多实战项目，但是从来没有放弃对好代码的收集，并经常"偷偷"阅读同事的代码和项目架构，"偷偷"把同事的项目代码、项目架构和自己的做对比，然后取其精华，去其糟粕。笔者也会把自己的代码架构融入他人的架构中，吸收他人好的架构模式。只有把自己写过的代码运用到真实的项目场景中去，多对比、多使用，才会更好地理解代码的好与坏。对本书的学习也是如此，大家除了要随着本书写一遍书中的代码外，还要自己去实现一遍，然后与本书提供的代码进行比较，经过优化后再把自己的代码运用到实际项目中。

另外有一点要提醒大家注意，第 1～6 章中所涉案例均采用 JavaScript 语言编写，而第 7 章为了更加贴近实际开发需求，采用 TypeScript 语言编写。

致谢

本书能够顺利完成，首先需要感谢前端开发这个行业，这个行业激发了笔者的热情，也给了笔者很好的发展。在这里笔者要由衷感谢前端技术的领头人，也是笔者在前端领域的第一位导师——大漠穷秋。

另外还要感谢正在阅读本书的各位读者，大家对笔者的关注和肯定，才是真正促成本书出版的原因。

希望前端越来越好，互联网越来越好。

Contents 目 录

第 1 章 *Chapter 1*

初识 React Hooks

在学习 React Hooks 之前，我们首先需要了解 React。React 是 Facebook 在 2013 年推出的一个用来构建用户界面的开源 JavaScript 库。由于设计思想独特，极具创新性，且拥有较高的性能，代码逻辑简单，React 得到越来越多人的关注和使用。如今，React 已经成为 Web 前端开发领域的主流框架。但随着实践的深入和技术的发展，前端工程师也发现了 React 的大量不足之处，于是 React 官方团队引入了 Hooks 的概念来解决这些问题。

本章将重点解答这几个问题：什么是 React Hooks？ React Hooks 有哪些优势？ React Hooks 到底解决了什么问题?

1.1 React Hooks 概述

Hooks 是 React 官方团队在 React 16.8 版本中正式引入的概念。通俗地讲，Hooks 只是一些函数，Hooks 可以用于在函数组件中引入状态管理和生命周期方法。如果希望让 React 函数组件拥有状态管理和生命周期方法，我们不需要再去将 React 函数组件重构成 React 类组件，而可以直接使用 React Hooks。

值得注意的是，与原来 React Class 的组件不同，React Hooks 在类中是不起作用的。React 不仅提供了一些内置的 Hooks，比如 useState，还支持自定义 Hooks，用于管理重复组件之间的状态。

1.1.1 React Hooks 的优点

React Hooks 具有以下优点。

1. 简洁

为了更好地体现 React Hooks 的简洁，我们分别使用 React Class 的方式和 React Hooks 的方式来实现一个点击按钮切换字体颜色的小功能。

使用 React Class 的方式的语法实现如下。

```
import React from 'react';

class App extends React.Component{
  constructor(props){
    super(props);
    this.state = {
      color: "blue"          // 默认蓝色
    }
  }

  onSwitchColor = ()=>{
    const { color } = this.state;
    // 如果是蓝色，则设置为红色；否则反过来
    this.setState({
      color:color==='blue'?'red':'blue'
    })
  }

  render(){
    const { color } =this.state;
    return(
      <div>
        <div style={{'color':color}}>我喜欢的颜色：{ color } </div>
        <button onClick={ onSwitchColor }> 点击改变颜色 </button>
      </div>
    )
  }
}
export default App;
```

上述代码通过在 state 中设置一个颜色状态属性来存储 div 内字体的颜色，当点击按钮的时候，取反设置 color 状态的值即可实现我们期望的功能。

下面来看看，同样的功能使用 React Hooks 的方式是怎样实现的。

```
import React, { useState } from 'react';

export default function App() {
const [color, setColor] = useState('blue');

  const onSwitchColor=()=>{
    setColor(color==='blue'?'red':'blue')
  }

  return (
```

```
    <div>
      <div style={{'color':color}}>我喜欢的颜色：{ color } </div>
      <button onClick={onSwitchColor}>点击改变颜色 </button>
    </div>
  )
}
```

　　从这个小例子中，你感受到 React Hooks 的简单之处了吗？相比 React Class，使用 React Hooks 的方式不仅代码量几乎减半，而且代码的可读性也更胜一筹。

　　上面两段代码实现的功能如图 1-1 所示。

图 1-1　改变颜色的示例

2. 上手非常简单

　　笔者第一次看 React Class 教程时被吓到了，感觉上手太难，但由于 React 是前端从业者必须掌握的技能，所以只能啃下这块硬骨头。

　　React Class 上手难表现为如下几点。

- ❑ 生命周期函数难以理解，很难熟练掌握。
- ❑ 与 Redux 状态管理相关的概念太多。
- ❑ 高阶组件（HOC）很难理解。

　　和 React Class 相比，React Hooks 的出现让 React 的学习成本降低了很多。具体体现在如下几点。

- ❑ 基于函数式编程理念，门槛比较低，只需要掌握一些 JavaScript 基础知识。
- ❑ 与生命周期相关的知识不用学，React Hooks 使用全新的理念来管理组件的运作过程。
- ❑ 与 HOC 相关的知识不用学，React Hooks 能够完美解决 HOC 想要解决的问题，并且更可靠。
- ❑ MobX 取代了 Redux 来做状态管理。

3. 代码可复用性更好

　　如果在大型项目中用 React，你会发现项目中的很多 React 组件冗长且难以复用，尤其是那些写成 Class 的组件，它们本身包含状态（state），使得对它们的复用十分麻烦。

　　虽然 HOC 也能解决这个问题，但是它会让你的组件变得非常复杂。如果你的项目过大或者业务复杂，HOC 会导致你的组件难以理解和维护。

在实际项目中，React Hooks 可以帮助复用一个有状态的组件，而且比较简单。为了更好地体现 React Hooks 的代码可复用性好，我们分别使用 React Class 方式和 React Hooks 方式以复用组件的方式来实现一个用户信息展示组件。

使用 React Class 实现组件的复用需要借助 HOC。HOC 的使用方法不在本书范围内，此处不做介绍，大家可以自行查阅相关资料。通过 React Class 的方式实现组件复用的具体步骤如下。

（1）定义一个 HOC。

```
import React from "react";
function withCounter(Component) {
  return class extends React.Component {
    state = { userName: null };
    componentDidMount() {
      // 模拟请求接口
      this.setState({ userName: '鬼鬼' });
    }
    render() {
      return <Component userName={this.state.userName} />;
    }
  };
}
```

这里我们定义了一个 HOC——withCounter，它用于获取组件的业务数据。

（2）编写一个展示性的普通组件。

```
class UserComponent extends React.Component {
  render() {
    return (
      <>
        <div>用户名称：{this.props.userName}</div>
      </>
    );
  }
}

// 使用 HOC 对普通组件进行包装
export default withCounter(UserComponent);
```

这里我们编写了一个普通组件，该组件作为展示性组件，获取从 HOC 中传递过来的自定义 userName 属性，然后将该属性作为展示数据进行处理。

以上模式看上去挺不错，而且有很多库运用了这种模式，但我们仔细观察会发现，它会增加代码的层级关系，而且这种层级嵌套的方式可读性不好。如果组件非常复杂，那么整个组件的可读性就会非常差，比如 aCom(bCom(cCom))，你甚至不知道里面到底发生了什么。

使用 React Hooks 方式实现组件复用的具体步骤如下。

（1）自定义 Hooks 钩子。

```
import React, { useState, useEffect } from 'react';
function useUser() {
  let [userName, setUserName] = useState(null);
  useEffect(() => {
    // 模拟获取数据
    setUserName('鬼鬼')
  }, []);
  return [userName];
}
```

（2）使用钩子。

```
import useUser from './hooks/useUser';
export default () => {
  let [userName,] = useUser();
  return (
    <div>用户名称:{userName}</div>
  )
}
```

上述代码通过 useEffect 钩子获取数据，因为 React Hooks 是函数模式，所以这里直接返回外部需要的数据，最终在外部组件中导入这些数据并展示。

由以上可知，使用 React Hooks 的方式比使用 React Class 的方式更容易理解，而且更重要的是 React Hooks 具有很好的可复用性，因为 React Hooks 是函数的形式，其他地方需要使用直接导入即可。

4. 与 TypeScript 结合更简单

我们几乎不用关注 React Hooks 组件与 TypeScript 的具体结合方法，这是 Class 组件不具备的。下面我们使用 TypeScript 语言来编写一个简单的用户信息展示组件 UserInfo。

React Class + TypeScript 版本如下。

```
import * as React from 'react'

interface UserInfo {
  userName: string,
  userAge: number,
}

export default class User extends React.Component<UserInfo, {}> {
  constructor(props: UserInfo) {
    super(props);
    this.state = {};
  }

  state = {
```

```
    }

    render () {
      return (
      <div className="user-com">
        <p>{ this.props.userName }</p>
        <p>{ this.props.userAge }</p>
      </div>
      )
    }
}
```

React Hooks + TypeScript 版本如下。

```
import React from 'react'

interface UserInfo = {
  userName: string,
  userAge: number,
}
// 声明一个用户信息组件
export const User = (userInfo: UserInfo) => {
  return (
    <div className="user-com">
      <p>{ userInfo.userName }</p>
      <p>{ userInfo.userAge }</p>
    </div>
  )
}
```

从上面的代码可以更加直观地看出，比起 Class 语法 this 指向的迷惑性，Hooks 的函数式语法让代码看起来更为直观与简洁，各段业务逻辑天然隔离，这让代码维护性变得更好。

5. 总结
最后，总结一下 React Hooks 的几个优点，具体如下。

❑ **声明一个简单的组件只要几行简单的代码。**

❑ **容易上手**。对于初学者来说，相比复杂的 Class 的声明周期，Hooks 的钩子函数更好理解。

❑ **简化业务**。充分利用组件化的思想把业务拆分成多个组件，采用函数式编程风格、函数式组件，状态保存在运行环境中，每个功能都包裹在函数中，整体风格更清爽、更优雅。

❑ **方便数据管理**。相当于两种提升：各个组件不用使用非常复杂的 props 多层传输就实现了解耦；向 prop 或状态取值更加方便，函数组件都从当前作用域直接获取变量，而 Class 组件需要先访问实例 this，再访问其属性或者方法。

❑ **便于重构**。因为减少了很多模板代码，组件，特别是小组件写起来更加省事。人们更愿意去拆分组件。而组件粒度越细，被复用的可能性越大。这样，Hooks 也在不知不觉中改变人们的开发习惯，提高项目的组件复用率。

1.1.2　React Hooks 的缺点

任何产品都不可能是完美的，React Hooks 相比 React Class 也有自己的不足之处。

1. 状态不同步问题

React Hooks 是函数的形式，而函数的运行是独立的，每个函数都有一个独立的作用域。函数的变量保存在运行时的作用域里，当我们有异步操作的时候，经常会碰到异步回调的变量引用的是之前的，值没有更新。这其实就是我们常说的闭包问题。

下面看一个具体的示例。

```
import React, { useState, useEffect } from "react";
const App = () => {
  const [number, setNumber] = useState(0);
  let timeObj=null;
  // 次数 ++
  const onSetNumber=()=>{
    setNumber(number+1)
  }

  // 两秒后次数 ++
  const onSetTimeSetValue = () => {
    timeObj=setTimeout(() => {
      console.log(" 值为 : " + number);
    }, 2000);
  };

  useEffect(()=>{
    // 销毁的时候关闭定时器 (编码习惯)
    return ()=>clearTimeout(timeObj)
  })

  return (
    <div>
      <div> 当前的值为 : {number}</div>
      <button onClick={ onSetNumber }>
        立即执行
      </button>
      <button onClick={onSetTimeSetValue}>
        延时执行
      </button>
    </div>
  );
};
```

上述代码首先声明了 number 变量，用来保存按钮点击的次数，然后设置了两个按钮：一个按钮立即执行点击，执行 number++；而另一个按钮延时执行点击，延时两秒后执行 number++。

运行上述代码，先点击"延时执行"按钮，然后点击"立即执行"按钮，最终输出结果如图 1-2 所示。输出的值并不是我们想要的。

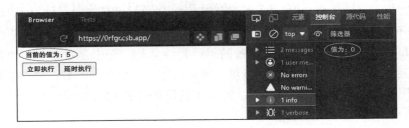

图 1-2　状态不同步示例

本来我们希望控制台输出的结果为 10，但控制台真正输出的值却是旧值 0。如果使用 React Class 实现这个功能，显然输出的值是我们希望的 10。

造成这种结果的原因是，函数的变量保存在运行时的作用域里，在点击"延时执行"按钮的时候，按钮内执行函数的内部作用域将变量 number 复制了一份，因此它的值就还是之前的旧值 0。这就是 React Hooks 状态不同步的问题。

当然，这个问题能够通过 useRef 钩子来解决。useRef 将在后文中专门介绍，这里暂不展开。

2. useEffect 依赖问题

有时候，某个 useEffect 依赖某个函数的不可变性（不会被改变的变量），这个函数的不可变性又依赖另一个函数的不可变性，这样便形成了一条依赖链。一旦这条依赖链的某个节点被意外改变，那么所有 useEffect 就会被意外触发。如果某个组件中依赖层级很多，那么就会造成严重的性能问题。

解决这个问题的方案就是，尽量减少 useEffect 的依赖项，让 useEffect 的每个依赖项都是明确的，保持它的单一职责性，增强组件的颗粒化。

下面通过实现一个常见的列表页面来展示 useEffect 依赖项颗粒化的必要性。

不推荐如下做法。

```
import React, { useState, useEffect, useLocation } from 'react';
import ReactDOM from "react-dom";
function App() {
  // 路由切换
  const location = useLocation();
  // 表单查询输入框改变的时候
  const [searchKey, setSearchKey] = useState(null);
  // 分页改变的时候
```

```
  const [page, setPage] = useState({pageSize:10,pageNum:1,total:0});

  const onFetchData = () => {
    console.log('请求接口 ***')
  };

  const onUpdateBreadcrumbs = () => {
    console.log('更新导航 ***')
  };

  useEffect(()=>{
    onFetchData()
    onUpdateBreadcrumbs()
  },[
    location.pathname,
    searchKey,
    page.pageSize,
    page.pageNum
  ])

  return (<div>
          <BreadCrumbs />
          <Table/>
          ...
          </div>)
}
```

在上述代码中，页面根据 location 页面路由的变化更新页面的导航，然后监听页面输入框中的内容和分页 table 的页码，从而调用对应的更新函数。

推荐的做法如下。

```
import React, { useState, useEffect, useLocation } from 'react';
import ReactDOM from "react-dom";
function App() {
  // 路由切换
  const location = useLocation();
  // 表单查询输入框改变的时候
  const [searchKey, setSearchKey] = useState(null);
  // 分页改变的时候
  const [page, setPage] = useState({pageSize:10,pageNum:1,total:0});

  const onFetchData = () => {
    console.log('请求接口 ***')
  };

  const onUpdateBreadcrumbs = () => {
    console.log('更新导航 ***')
  };

  useEffect(()=>{
```

```
  onUpdateBreadcrumbs()
},[location.pathname])

useEffect(()=>{
  onFetchData()
},[
  searchKey,
  page.pageSize,
  page.pageNum
])
return (<div>
        <BreadCrumbs />
        <Table/>
         ...
        </div>)
}
```

在上述代码中，把 useEffect 依赖项根据业务类型进行了拆分，这样不仅可以确保它们仅用于一种效果，从而防止发生意外的错误，而且可以让代码更加直观和更好维护。

如果大家对 useEffect 的使用还有疑惑，可以暂时跳过此部分，后文有对 useEffect 更加具体的介绍。

1.1.3 使用 React Hooks 时的注意事项

要想用好 React Hooks，需要注意以下事项。

1. 自定义的 React Hooks 要遵循一些命名规范

自定义 React Hooks 的命名一律使用 use 作为前缀，形如 useXXX，例如 userUserInfo。虽然这仅是一种编码习惯，但是为了代码的可维护性，我们必须遵守这个规范。

2. 仅在最外层调用 React Hooks

不要在循环、条件和嵌套函数内调用 React Hooks。当你想有条件地使用某些 React Hooks 时，请在这些 Hooks 中写入条件。这样能够确保每次组件呈现时都以相同的顺序调用 React Hooks，避免出现一些不可确定的 bug。

为了帮助大家理解，下面使用 React Hooks 实现一个根据登录信息设置登录状态的组件。

不推荐如下写法。

```
import React, { useState, useEffect } from 'react';
import ReactDOM from "react-dom";
function App() {
  // 模拟接口返回数据
  const [userName, setUserName] = useState(" 鬼鬼 ");
  const setLoginStatus=(value='')=>{
    localStorage.setItem('isLogin',value?'1':'')
```

```
  }
  if(userName){
    useEffect(()=>{
      setLoginStatus(true)
    })
  }
  return (<div>{ userName }</div>)
}
```

上述代码中，组件会根据 userName 中是否存在值，来在 localStorage 中设置一个状态，用于区分是否已经登录。这里直接在函数体内根据 userName 的值判断是否执行 useEffect 钩子函数，会导致 useEffect 钩子每次的执行与否都是根据 userName 的值来决定的，从而使得每次当前组件的渲染顺序是不确定的，这样，如果存在其他的业务逻辑，就很容易出现 bug。

推荐的写法如下。

```
import React, { useState, useEffect } from 'react';
import ReactDOM from "react-dom";
function App() {
  // 模拟接口返回数据
  const [userName, setUserName] = useState("鬼鬼");
  const setLoginStatus=(value='')=>{
    localStorage.setItem('isLogin',value?'1':'')
  }
  useEffect(()=>{
    if(userName){
      setLoginStatus(true)
    }
  })
  return (<div>{ userName }</div>)
}
```

3. 仅从 React 函数中调用 React Hooks

不要从常规 JavaScript 函数中调用 React Hooks，只在自定义 React Hooks 或者 React 组件中调用 React Hooks，这不仅能够确保组件中的所有状态逻辑都清晰可见，还能够避免出现一些不可确定的 bug。

1.2　React Hooks 生命周期

通过对前文的学习，我们对 React Hooks 有了初步的了解，对它的优缺点有了简单的认识，本节来介绍 React Hooks 的生命周期。只有对生命周期有了更好的理解，我们才能在实际开发中写出更加健壮的代码。

1.2.1 理解 React Hooks 生命周期

我们知道 React Hooks 是一种函数式的语法方式，每一个函数都是一个组件。普通的函数是不存在状态的，而生命周期存在的前提是有多状态，所以普通函数不存在生命周期。常规的 React 仅是一个 render 函数而已，但在引入 Hooks 之后就变得不同了，它能让组件在不使用 Class 的情况下拥有状态，所以就有了生命周期的概念。所谓的生命周期其实就是从变量声明到变量渲染完成的整个过程，这主要涉及如下几个函数。

❑ useState()：声明变量函数。

❑ useEffect()：渲染完成后执行函数。

❑ useLayoutEffect()：渲染前执行函数。

综上所述，Hooks 组件（使用了 Hooks 的函数组件）有生命周期，而函数组件（未使用 Hooks 的函数组件）是没有生命周期的。

1.2.2 函数式渲染与生命周期的关系

Class 与 Hooks 的生命周期对应关系如表 1-1 所示。

表 1-1 Class 与 Hooks 的生命周期对应关系

Class 组件	Hooks 组件
constructor	useState
getDerivedStateFromProps	useState 里的 update 函数
render	函数本身
componentDidMount	useEffect
componentDidUpdate	useEffect
componentWillUnmount	useEffect 里返回的函数
componentDidCatch	无
getDerivedStateFromError	无
getSnapshotBeforeUpdate	无
shouldComponentUpdate	无

下面我们用实际代码来介绍 Class 与 Hooks 的生命周期对应关系。先来看 Class 组件的钩子程序。

```
class MyComponent extends Component {
  // ====== 挂载/卸载阶段
  constructor(props: any) {
    super(props);
    this.state = {
      name: 'Hello World',
  };
```

```
  }

  // React 16.8 版本新增钩子函数
  static getDerivedStateFromProps(props, state) {
    console.log(' 判断数据是否需要更新 ', props, state);
    return null;
  }

  render() {
    console.log(' 渲染 ');
    return <div>MyComponent</div>;
  }

  componentDidMount() {
    console.log(' 渲染完成 ');
  }

  static getSnapshotBeforeUpdate(prevProps, prevState) {
    console.log(' 返回组件更新 dom');
  }

  shouldComponentUpdate(nextProps, nextState) {
    console.log(' 判断数据是否更新，通过返回 true 或 false 来判断 ');
    return false;
  }

  componentDidUpdate(prevProps) {
    console.log(' 组件数据更新完毕 ');
  }

  componentWillUnmount() {
    console.log(' 已经销毁 ');
  }

  // 其他 API
  static getDerivedStateFromError(error) {
    // 更新 state 使下一次渲染可以显式降级 UI
    return { hasError: true };
  }

  componentDidCatch(error, info) {
    // 捕获错误信息
  }

  // 增加错误信息校验
  render() {
    if (this.state.hasError) {
      // 可以渲染任何自定义的降级 UI
      return <h1>Hello world</h1>;
    }

    return this.props.children;
  }
}
```

下面对上述代码中的各个钩子函数进行具体介绍。

❏ constructor：构造函数，如不初始化状态或者不进行函数绑定，可以不通过 React 组件来构造函数；通过在构造函数中初始化状态，接收来自父组件的 props。

❏ getDerivedStateFromProps：React 16.8 版本开始提供的静态方法，通过接收父组件 props 判断是否执行更新，返回 null 表示不更新。

❏ render：一个纯渲染函数，返回 DOM、React 组件、Fragment 等。

❏ componentDidMount：组件挂载时调用，此时 DOM 已渲染，可以获取 Canvas、SVG 等操作，可以进行数据操作并获取接口数据。

❏ getSnapshotBeforeUpdate：组件内部函数，方法中，我们可以访问更新前的 props 和 state。

❏ shouldComponentUpdate：用于返回组件是否重新渲染，当 props 或 state 发生变化时，它会在渲染之前被调用。如果返回 true，则代表重新渲染组件；如果返回 false，则代表不重新渲染组件。使用 shouldComponentUpdate 可以手动控制是否渲染组件，从而减少非必要渲染，提升组件性能。

❏ componentDidUpdate：组件更新后会被立即调用，但是首次渲染不会执行此方法，只有在二次更新的时候才会被触发。

❏ componentWillUnmount：组件卸载阶段执行的方法，组件销毁后会执行初始化相关的操作。

❏ getDerivedStateFromError 和 componentDidCatch：错误捕获日志。我们可以根据错误信息进行捕获，增强错误边界等组件与前端代码的兼容性。

接下来看看 React Hooks 钩子函数的代码实现。

```javascript
import React, { useState,useEffect,useMemo,useCallback } from "react";
const MyComponent = React.memo((props) =>{
  const [name,setName] = React.useState('name');

  useMemo(() => ()=>{
    console.log('在组件 DOM 节点渲染之前调用一次');
  }, []);

  useMemo(() => ()=>{
    console.log('在组件 DOM 节点渲染之前根据依赖参数 props 调用');
  }, [props])

  useEffect(() => {
    console.log('组件初始化时调用一次');
  }, [])

  useEffect(()=>{
    console.log('组件根据依赖参数 props 更新调用');
  },[props])
```

```
  useEffect(()=>{
    return ()=>{
      console.log(' 组件卸载调用 ');
    }
  },[]);

  useCallback(() =>{
    console.log(' 监听事件通过钩子函数包裹，优化性能 ');
  },[]);

  return (
    console.log(' 返回 DOM 节点 ');
  )
});
```

下面对各个钩子函数进行具体介绍。

❏ useState：和 Class 的状态类似，只不过 useState 是独立管理组件变量的。

❏ useMemo：组件 DOM 节点，会进行一些计算，包括要渲染的 DOM 或数据，根据
依赖参数进行更新。

❏ useEffect：React Hooks 的组件生命周期其实就是通过钩子函数 useEffect 的不同用
法实现的，传递不同的参数会导致不同的结果。

❏ useCallback：一个钩子函数，通过包裹普通函数进行性能优化。

1.2.3　函数式渲染的特点

React Hooks 是一个函数，而函数的优势之一是可以保持单一性，只有理解了这一点才
能写出好的函数式组件（Hooks 组件）。

React 中子组件受父组件传入的 props 控制，子组件不能直接修改 props，也就是说这
是一个单向数据流，这类似于纯函数，不能改变外部状态。所以我们在开发组件时，应当
尽量将具有副作用的操作交给外部控制，这样的组件才是独立的，也具有高度的适应性。

函数式渲染具有以下显著特点。

❏ 当给定相同输入（函数的参数）的时候，总是有相同的输出（返回值）。

❏ 没有副作用。

❏ 不依赖于函数外部状态。

❏ 告别繁杂的 this 和难以记忆的生命周期。

❏ 支持包装自己的 Hooks（自定义 Hooks），是纯命令式的 API。

❏ 可更好地完成状态之间的共享，解决了原来 Class 组件内部封装的问题，以及高阶
组件和函数组件嵌套过深的问题。每个组件都有一个自己的状态，这个状态在该组
件内可以共用。

第 2 章

基础环境搭建

上一章介绍了 React Hooks 的基础知识，相信大家已经对 React Hooks 有了比较全面的认识。为了把 React Hooks 用起来，我们还需要搭建基础的环境，本章就对此进行介绍。

2.1 基础工具安装

首先推荐一款好用的 cmd 管理工具——Cmder。这款工具不仅在美观性层面远超系统自带的 cmd 控制面板，更为重要的一点是，它还能够完成常用命令（如 Git 命令、Linux 命令）的代码补全，这在实际的开发场景中非常有用，可以大大提升开发效率。

进入 Cmder 的官网（http://cmder.net/），会发现官网提供了两个版本，一个是 mini 版本，另一个是完整版本。mini 版本只提供 Linux 常用命令，而完整版本除提供 Linux 常用命令外，还提供 Git 常用命令。直接下载完整版本，解压后即可使用。

Cmder 的工作界面如图 2-1 所示。

```
Microsoft Windows [Version 6.2.9200]
(c) 2012 Microsoft Corporation. All rights reserved.

C:\Users\Samuel
λ cd Desktop\web_projects\cmder\
.git\      bin\      config\   test\      vendor\
C:\Users\Samuel
λ cd Desktop\web_projects\cmder\

C:\Users\Samuel\Desktop\web_projects\cmder
λ gl
* c2c0e1c (HEAD, origin/master, master) wrong slash
* ec5f8f9 Git initiation
* aefb0f2 Ignoring the .history file
* 2cceaae Icon
* 2c0a6d0 Changes for startup
* e38aded meh
* 5bb4808 (tag: v1.0.0-beta) Alias fix
* 02978ce Shortcut for PowerShell
* adad76e Better running, moved XML file
* 7cdc039 Batch file instead of link
* 8c34d36 Newline
* a41e50f Better explained
* 7a6cc21 Alias explanation
* 9d86358 License
* 7f63672 Typos
* 36cd80e Release link
```

图 2-1　Cmder 的工作界面

2.2 创建基础项目

完成 Cmder 的安装之后，就可以开始基础环境搭建了。首先，我们需要搭建基础开发环境。这里建议大家安装稳定版本的 Node.js，本书完稿时的最新版本为 14.17.3，对应的 npm 版本为 6.14.14。开发工具使用主流的 VS Code，下载官方最新版本即可。这两个工具安装完成之后，基础的开发环境就搭建好了。因为操作比较简单，所以具体的安装步骤这里就不过多介绍了。

完成基础的开发环境搭建之后，我们需要安装 React 官方脚手架工具 create-react-app，通过这个脚手架工具可创建基础的 React 开发模板。

安装 create-react-app 的命令如下。

```
npm install -g create-react-app
```

其中，-g 代表全局安装。为了能够在任意目录下随意运行此命令，建议使用全局安装的模式。

创建 React Hooks 基础模板的命令如下。

```
//JS 模板
npx create-react-app my-react-hooks
//TypeScript 模板
npx create-react-app my-react-hooks --template typescript
```

其中，npx 是 npm 5.2 版本开始提供的一个全局命令。该命令的具体使用方法不在本书的讨论范围内，大家可以自行查阅网络资料。

上述代码执行成功后，我们的 React Hooks 基础模板就创建好了，其大致目录结构如下。

```
my-react-hooks
├── README.md
├── node_modules
├── package.json
├── .gitignore
├── public
│   ├── favicon.ico
│   ├── index.html
│   └── manifest.json
└── src
    ├── App.css
    ├── App.tsx
    ├── App.test.tsx
    ├── index.css
    ├── index.tsx
    └── logo.svg
```

对上述目录中的重点文件说明如下。

❑ package.json：每个项目的根目录下一般都有一个 package.json 文件，该文件定义了项目所需的各种模块以及项目的配置信息（如名称、版本、许可证等元数据）。执行 npm install 命令后，系统根据这个文件自动下载所需的模块，即配置项目所需的运行和开发环境。对于新创建的项目，也可以通过 npm init 命令创建 package.json 文件。

❑ .gitignore：用于告诉 Git 哪些文件不需要添加到版本管理中。比如项目中的 npm 包（node_modules）是很重要的，但是它占用的内存很大，所以一般用 .gitignore 告诉 Git 是否添加了 npm 包。

❑ public/index.html：页面模板文件。

❑ src/index.tsx：应用入口文件。在学习他人的项目代码时，可以先看这个文件。

接下来安装项目依赖。我们使用 npm i（npm install 命令的简写形式）命令安装项目所需的依赖，具体方法如下。

```
// 进入项目目录
cd my-react-hooks
// 执行安装项目依赖命令
npm i
```

上述工具都安装好后就可以启动项目了，具体方法如下。

```
npm run start
```

npm run start 的 start 命令为 package.json 中 scripts 下设置的启动命令。运行上述命令会打开 http://localhost:3000，此时在浏览器中即可查看该项目。默认的端口是 3000，如果你本地有其他项目使用了 3000 端口，那么此端口编号就会自动增加 1，变为 3001 端口。在平时的项目开发中需要注意这一点。

图 2-2 所示是 Hello World 项目的启动界面。

Hello world

Hello React Hooks

图 2-2　Hello World 项目启动界面

2.3　基础项目目录优化

虽然我们使用 create-react-app 创建了一个基础的项目模板，但是在实际开发过程中，肯定不止有这些项目信息。为了便于介绍，我们根据实际的项目需要对真实目录做了精简，删除了一些暂时用不到的文件，并且新增了一些我们需要的文件，现在大致的目录如下。

```
│   .gitignore
│   package.json
│   README.md
│   yarn.lock
├── node_modules
├── public
│       favicon.ico
│       index.html
└── src
    │   index.tsx
    ├── components
    ├── hooks
    ├── images
    │       logo.svg
    ├── style
    │       App.css
    │       index.css
    └── views
            App.tsx
```

主要文件或目录说明如下。

❑ .gitignore：Git 排除提交文件。

❑ package.json：包依赖配置文件。

❑ public：项目中不会被打包编译的静态资源文件，Webpack 默认会复制此目录下的所有文件。

❑ src/components：自定义组件目录。

❑ src/hooks：自定义 Hooks 目录。

❑ src/images：项目静态资源文件目录。

❑ src/style：项目样式文件目录。

❑ src/views：项目路由页面文件目录。

为了帮助大家进一步理解各个文件，下面来具体看看其中几个比较重要的文件的内容。
public/index.html 的内容如下。

```html
<!DOCTYPE html>
<html lang="en">
  <head>
    <meta charset="utf-8" />
    <link rel="icon" href="%PUBLIC_URL%/favicon.ico" />
    <meta name="viewport" content="width=device-width, initial-scale=1" />
    <title>react hooks 学习 </title>
  </head>
  <body>
    <div id="root"></div>
  </body>
</html>
```

注意，为了规范以及避免不必要的错误，尽量不要更改上面 div 元素的 id 的值。

src/index.tsx 的内容如下。

```
import React from 'react';
import ReactDOM from 'react-dom';
import './style/index.css';
import App from './views/App';

ReactDOM.render(
  <App />,
  document.getElementById('root')
);
```

src/views/App.tsx 的内容如下。

```
import './style/App.css';
import logo from './images/logo.svg';
function App() {
  return (
    <div className="App">
      <header className="App-header">
        <img src={ logo } className="App-logo" alt="logo" />
        <p>Hello world</p>
        <p>Hello React Hooks</p>
      </header>
    </div>
  );
}

export default App;
```

package.json 的内容如下。

```
{
  "name": "my-react-hooks",
  "version": "0.1.0",
  "private": true,
  "scripts": {
    "start": "react-scripts start",
    "build": "react-scripts build",
    "test": "react-scripts test",
    "eject": "react-scripts eject"
  },
  "eslintConfig": {
    "extends": [
      "react-app",
      "react-app/jest"
    ]
  },
  "browserslist": {
    "production": [
      ">0.2%",
      "not dead",
```

```
    "not op_mini all"
  ],
  "development": [
    "last 1 chrome version",
    "last 1 firefox version",
    "last 1 safari version"
  ]
  }
}
```

至此，一个基础的 React Hooks 项目目录结构就介绍完了。

2.4　初始化项目配置

使用 create-react-app 创建项目后，package.json 文件的 scripts 字段下默认会有下面这条命令：

```
"eject": "react-scripts eject"
```

执行这条命令，默认会生成 Webpack 配置文件。执行方法如下。

```
npm run eject
```

执行上述命令后会看到图 2-3 所示的界面。

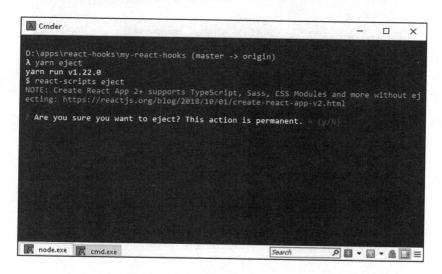

图 2-3　执行 eject 命令

在图 2-3 所示界面中输入 y 即可安装对应的配置依赖。如果出现图 2-4 所示的错误，执行以下命令即可（用 Git 将项目添加到本地仓库）。

```
git add ./
git commit -m '初始化'
```

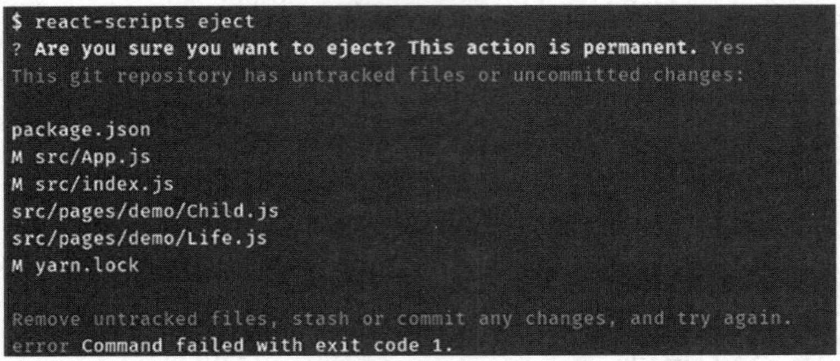

$ react-scripts eject
? Are you sure you want to eject? This action is permanent. Yes
This git repository has untracked files or uncommitted changes:
package.json
M src/App.js
M src/index.js
src/pages/demo/Child.js
src/pages/demo/Life.js
M yarn.lock
Remove untracked files, stash or commit any changes, and try again.
error Command failed with exit code 1.

图 2-4　初始化错误

安装成功后，项目结构如图 2-5 所示。

config
jest
env.js
getHttpsConfig.js
modules.js
paths.js
pnpTs.js
webpack.config.js
webpackDevServer.config.js
node_modules
public
favicon.ico
index.html
scripts
build.js
start.js
test.js
src
components
images
logo.svg
style
App.css
index.css
views
App.js
index.js
.gitignore
package.json
README.md
yarn.lock

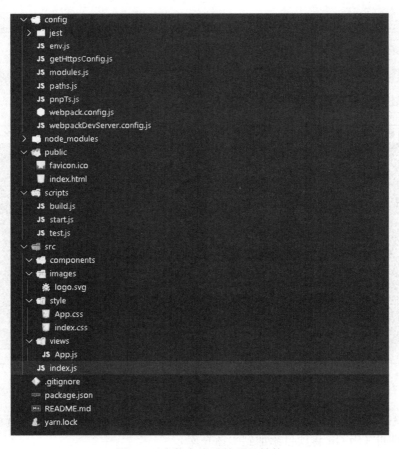

图 2-5　安装完成后的项目结构

至此，一个最简单的 React Hooks Webpack 就配置完成了。执行如下命令，可以得到图 2-6 所示的项目界面。

```
npm run start
```

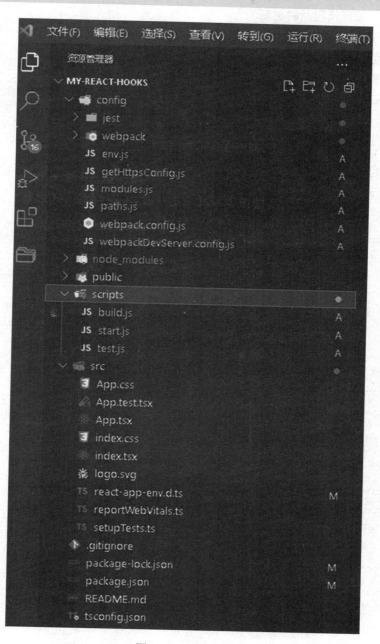

图 2-6　项目界面

至此，我们的模板已经可以支持如下功能。

❑ Sass：CSS 扩展语言，常用的还有 Less。

❑ TypeScript：增强代码健壮性。

❑ 热更新：保证代码及时更新。

❑ JSX：JSX 模板语言。

❑ Jest：单元测试框架。

❑ PostCSS：将最新的 CSS 代码转换成大多数浏览器能理解的代码。

当然，现在的配置与正式的企业级开发环境还有不小的差距，更为详细的配置将在后文中详细介绍。

第 3 章 Chapter 3

核心 API 原理解读与实践

从本章开始我们正式进入对 React Hooks API 的学习，为了帮助大家更好地理解相关知识，所有内容都会配合实际案例进行讲解。下面我们先从 useState 讲起。

3.1 useState

useState 是 React 的内置函数，作用是让函数组件也可以维护自己的状态。这是一个管理状态的 API。简单理解就是，useState 是改变状态的开关，能够完成对状态的初始化、读取和更新。

3.1.1 上手使用 useState

在使用 useState 之前，需要从 React 包中导入 useState 钩子，具体方法如下。

```
import React, { useState } from 'react';

function App() {

  return <></>
}
```

然后在组件函数的顶部调用 useState() 并设置初始值，这里初始值为 "鬼哥"。如果不设置初始值，默认为 undefined。

```
import React, { useState } from 'react';
```

```
function App() {
  const [userName,setUserName] = useState(' 鬼哥 ');

  return <></>
}
```

useState(initialState) 返回一个数组，其中第一项是状态值，第二项是一个更新状态的函数。

```
function App() {
const [userName, setUserName] = useState(' 鬼哥 ');

  return <></>
}
```

第一项状态值的参数也支持函数的形式，并且支持多种类型。

```
function App() {
  // 值以函数的方式赋值
  const [userName, setUserName] = useState(()=>{
    return ' 鬼哥 '
  });

  // 值为对象的形式
  const [userName, setUserName] = useState({
    userName:' 鬼哥 '
  });

  return <>{userName}</>
}
```

以函数的形式赋值的时候，JavaScript 引擎每次都会解析初始值，写成箭头函数。该函数不会立即执行，里面的内容不用每次都加载，只在第一次初始化用到函数的时候解析返回值，这样可以减少计算过程。

状态一旦改变，React 就会重新渲染组件，userName 变量会获取新的状态值。

```
function App() {
  const [userName, setUserName] = useState(' 鬼哥 ');

  const onSetUserName=()=>{
    setUserName(' 鬼鬼 ');
  }

  return <>
    <div> 我的名字: { userName }</div>
    <button onClick={ onSetUserName }>
        修改名字
    </button>
  </>
}
```

运行上面的代码，在出现的界面中单击"修改名字"按钮，触发函数 onSetUserName，从而触发状态的更新。React 会重新渲染组件，userName 变量也会获取新的状态值。

让我们看一个组件的完整示例，以了解如何在 React 中使用 useState，具体如下。

```
//1:导入钩子
import React, { useState } from "react"
function App() {

  //2:声明状态并初始化状态
  const [count, setCount] = useState(0);

  //4:更新状态
  const onSetCount=()=> {
    setCount(count + 1)
  }

  return (
    <div className="app-warp">
        <button onClick={ onSetCount }>
          {/* 3:读取状态变量 */}
          { count }
        </button>
    </div>
  );
}

export default App;
```

3.1.2　浅谈 useState 异步

在 React Hooks 中，修改状态是通过 useState 返回的修改函数实现的。它的功能类似于 Class 组件中的 this.setState()。这两种方式都是异步的。可是 this.setState() 是有回调函数的，如果你需要获取更新后最新的值，可以在回调函数中获取。但 useState 没有回调函数，那么我们如何获取最新的值呢？下面我们就通过一个案例对此进行讲解。

这个案例实现的功能是：使用 React Hooks 编写一个显示用户名称的页面，并在页面当中新增一个按钮，单击按钮可以修改用户名称。具体实现代码如下。

```
import ReactDOM from 'react-dom';
import React, { useState } from "react"

function App() {
  const [userName,setUserName] = useState('鬼哥');

  const onSetName=()=>{
    setUserName('鬼鬼');
    console.log('赋值后的名字:',userName)
```

```
  }

  return (
    <div className="app-warp">
      <p>{ userName }</p>
      <button onClick={onSetName}>点击按钮赋值</button>
    </div>
  )
}

ReactDOM.render(
  <App />,
  document.getElementById('root')
);
```

当我单击"点击按钮赋值"按钮的时候，会触发更新状态函数 onSetName，但在 onSetName 函数输出的日志中显示的依然是原来设置的值"鬼哥"，这足以证明 useState 是异步的，不是立即更新的，如图 3-1 所示。那我们如何获取立即更新的值呢？

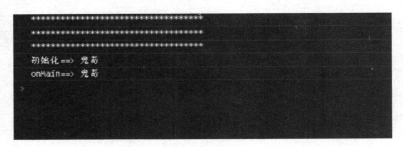

图 3-1　单击按钮后显示的值

为了让我们能够获取最新的值，React 官方提供了一个 Hooks——useEffect。useEffect 能够监听状态变化并执行回调函数。这里所说的"状态"变化，是指本次渲染（render）和上次渲染时的依赖（state）比较。后面会专门讲解 useEffect，此处我们只需学会如何使用即可。

现在我们通过实际使用来解决 useState 异步导致的无法获取最新值的问题。

（1）导入 useEffect 钩子。

```
import React, { useState,useEffect } from "react"
function App() {
  return <></>
}
```

（2）使用 useEffect 监听状态更新，触发状态更新后的回调函数，代码如下。

```
import React, { useState, useEffect } from "react";
import ReactDOM from "react-dom";
```

```
function App() {
  const [userName, setUserName] = useState(" 鬼哥 ");

  const onSetName = () => {
    setUserName(" 鬼鬼 ");
    console.log(" 赋值后的名字: ", userName);
  };

  useEffect(() => {
    console.log("userName 状态更新了: ", userName);
  }, [userName]);

  return (
    <div className="app-warp">
      <p>{userName}</p>
      <button onClick={onSetName}> 点击按钮赋值 </button>
    </div>
  );
}

ReactDOM.render(<App />, document.getElementById("root"));
```

现在单击按钮，我们会发现控制台中的 **userName** 状态更新了：输出的值就是更新后的值，如图 3-2 所示。

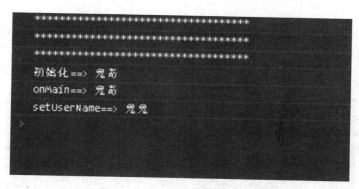

图 3-2　更新后的值

3.1.3　使用 useState 时的注意事项

注意事项一：与 Class 组件中的 setState 方法不同，useState 不会自动合并更新对象，所以需要使用展开运算符（或者 Object.assign）来达到合并更新对象的效果。

首先使用 React Hooks 编写一个这样的页面：有一个用户信息展示页面，页面中初始展示的是用户基本信息，如果需要查看用户的身高信息，需要单击一个按钮。具体的实现代码如下。

```
import ReactDOM from "react-dom";
import React, { useState } from "react";
function App() {
  const [userInfo, setUserInfo] = useState({
    userName: "鬼哥",
    userAge: "18",
    userHeight: "",
  });

  const onGetUserInfo = () => {
    // 假装发送了 AJAX 请求后获取的身高数据
    const data = { userHeight: "180" };
    // 此处是错误的赋值方式
    userInfo.userHeight=data.userHeight;
    setUserInfo(userInfo);
  };
  return (
    <div className="app-warp">
      <p>userName:{userInfo.userName}</p>
      <p>userAge:{userInfo.userAge}</p>
      <p>userHeight:{userInfo.userHeight}</p>
      <button onClick={onGetUserInfo}> 获取用户信息 </button>
    </div>
  );
}
```

运行上述代码后，单击"获取用户信息"按钮，页面上的身高字段（userHeight）的值并不会变化，因为 useState 在赋值的时候并不会自动合并更新对象，该值也就不会更新，如图 3-3 所示。

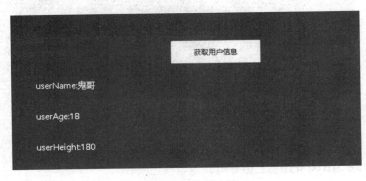

图 3-3　身高没有变

我们可以使用如下代码更新相关数据。

```
import ReactDOM from "react-dom";
import React, { useState } from "react";
function App() {
  const [userInfo, setUserInfo] = useState({
```

```
      userName: " 鬼哥 ",
      userAge: "18",
      userHeight: "",
    });

    const onGetUserInfo = () => {
      // 假装发送了 AJAX 请求后获取的身高数据
      const data = { userHeight: "180" };
      const info = { ...userInfo, ...data };
      setUserInfo(info);
    };
    return (
      <div className="App">
        <div className="warp-com">
          <p>userName:{userInfo.userName}</p>
          <p>userAge:{userInfo.userAge}</p>
          <p>userHeight:{userInfo.userHeight}</p>
          <button onClick={onGetUserInfo}> 获取用户信息 </button>
        </div>
      </div>
    );
}
```

上述代码使用展开运算符的方式即可正确更新数据，当然也可以按如下方式编写代码。

```
const data = { userHeight: "180" };
userInfo.userHeight=data.userHeight;
setUserInfo({...userInfo});
const data = { userHeight: "180" };
userInfo.userHeight=data.userHeight;
setUserInfo(Object.assign({},userInfo));
```

正确更新数据后的页面如图 3-4 所示。

图 3-4　更新数据后的页面

注意事项二： useState 更新值后经常会出现值更新不及时的 bug。

先来看下面的代码。

```javascript
import ReactDOM from 'react-dom';
import React, { useState } from "react";

function App() {
  const [ num, setNum ] = useState(0);
  const onAdd=()=> {
    setNum(num+1);
    setNum(num+1);
  }

  return (
    <div className="App">
      <div className = "warp-com">
        <button onClick={ onAdd }>
          增加 { num }
        </button>
      </div>
    </div>
  );
}

ReactDOM.render(
  <App />,
  document.getElementById('root')
);
```

上述代码会返回初始状态，且值只会增加 1（见图 3-5），因为对 useState 更新组件的方法函数和类组件的 setState 有一定区别：useState 源码中如果遇到两次相同的状态，会默认阻止组件再更新，但是类组件中 setState 遇到两次相同的状态也会更新。

图 3-5　值增加 1 界面

再来看下面的代码。如果判断上一次的 state -> currentState 和这一次的 state -> eagerState 相等，那么将直接执行 return 语句，阻止组件进行调度更新。

```javascript
if (is(eagerState, currentState)) {
  return;
```

```
}
scheduleUpdateOnFiber(fiber, expirationTime); // 更新
```

解决此问题的方法是使用函数的方式对 **setNum** 赋值，具体如下。

```
import ReactDOM from 'react-dom';
import React, { useState } from "react"

function App() {
  const [ num, setNum ] = useState(0);

  const onAdd=()=> {
    setNum(()=>{
      return num+1
    });
  }

  return (
    <div className="App">
      <div className="warp-com">
        <button onClick={ onAdd }>
          增加 { num }
        </button>
      </div>
    </div>
  );
}

ReactDOM.render(
  <App />,
  document.getElementById('root')
);
```

其他注意事项如下。

（1）最好将 useState 写到函数的起始位置，主要目的是便于阅读。

（2）严禁让 useState 出现在代码块（判断和循环等）中。

（3）useState 返回的函数（数组的第二项），其引用是不会变化的（优化性能）。

（4）使用函数改变数据时，若数据和之前的数据完全相等（使用 Object.is），则不会重新渲染。由于 Object.is 是浅比较，所以当状态是一个对象的时候，一定要小心操作。

（5）使用函数改变数据时，传入的值不会和原来的数据合并而是直接将其替换（与 setState 完全不一样），所以在修改对象的时候，我们要先将之前的对象保存下来。

（6）要实现强制刷新组件的情况：如果是类组件，那么我们都会使用 forceUpdate 强制刷新；如果是函数组件，我们可以用 useState 来实现，只需要重新给当前 state 赋一次值即可。（因为每次传入的对象的地址不一样，所以一定会使得组件刷新。）具体使用方法如下。

```
// 类组件实现强制刷新
class App extends React.Component{
  onRefresh(){
    this.forceUpdate();
  }
  render(){
    return (
      <botton onClick={this.onRefresh}>点击我强制刷新</botton>
    )
  }
}

// 函数组件实现强制刷新
const [, forceUpdate] = useState({});

const onRefresh=()=>{
  forceUpdate({})
}
return (
  <botton onClick={onRefresh}>点击我强制刷新</botton>
);
```

（7）和类组件一样，函数组件的状态更改在某些时候（如在 DOM 事件下）是异步的。如果是异步更改，则多个状态的更改会合并，此时不能信任之前的状态，而应该使用回调函数的方式改变状态。

（8）如果某些状态之间没有必然的联系，应该将其分为不同的状态而非合并成一个对象。

3.1.4　useState 原理解读

当调用 useState 的时候，会返回一个形如（变量，函数）的元组，并且状态的初始值就是外部调用 useState 时传入的参数。

正如下面的代码所示，当单击按钮的时候，执行 setUserName，状态 num 被更新，并且 UI 视图更新。显然，useState 返回的用于更改状态的函数，自动调用了 render 方法来触发视图更新。

```
import ReactDOM from 'react-dom';
import React, { useState } from "react"

function App() {
  const [userName, setUserName] = useState('')
  return (
    <div className="App">
      <input onChange={(e) => setUserName(e.target.value)} />
      <span>{userName}</span>
    </div>
```

```
    );
  }

ReactDOM.render(
  <App />,
  document.getElementById('root')
);
```

至此，我们已经知道 useState 的大致实现步骤了，接下来实现一个简易的 useState，具体如下。

```
import ReactDOM from 'react-dom'

let lastState
function myUseState(initialState) {
  lastState = lastState || initialState
  function setState(newState) {
    lastState = newState
    render()
  }
  return [lastState, setState]
}

function App() {
  const [userName, setUserName] = myUseState('鬼哥')

  return (
    <div className="App">
      <p>
        姓名 <input onChange={(e) => setUserName(e.target.value)} />
      </p>
      <p> 我的名称：{userName}</p>
    </div>
  )
}

ReactDOM.render(
  <App />,
  document.getElementById('root')
);
```

这是一个简易能用的 useState 雏形，前面的 state 存储在一个 lastState 变量中，当定义多个状态的时候会导致变量覆盖，所以需要使用数组。为了解决这个问题，我们需要把 lastState 改成一个数组。

完善后的 useState 如下。

```
let lastStates = []
let index = 0
function myUseState(initialState) {
```

```
    lastStates[index] = lastStates[index] || initialState
    const currentIndex = index
    function setState(newState) {
      lastStates[currentIndex] = newState
      render()
    }
    return [lastStates[index++], setState]
}

function App() {
  const [userName, setUserName] = myUseState('鬼哥');
  const [userAge, setUserAge] = myUseState(18);

  return (
    <div className="App">
      <p>
        姓名 <input onChange={(e) => setUserName(e.target.value)} />
      </p>
      <p>
        年龄 <input onChange={(e) => setUserAge(e.target.value)} />
      </p>

      <p>我的名称 :{userName}</p>
      <p>我的年龄 :{userAge}</p>
    </div>
  )
}

// 每次渲染的时候都将 state 的 index 重置为 0
function render () {
  index = 0
  ReactDOM.render(<App />, document.getElementById('root'))
}
```

从上面实现的 useState 中可以看出，第一次渲染的时候，根据 useState 顺序逐个声明状态。状态会被存入全局 Array 中。每次声明状态都要将 index 增加 1。更新状态触发再次渲染的时候，index 被重置为 0，按照 useState 的声明顺序，依次拿出最新的状态的值并更新视图。

如图 3-6 所示，每次使用 useState，都会向 STATE 容器中添加新的状态。

通过上面的代码可以看出，状态和 index 是强关联关系，因此，不能在 if、while 等判断条件下使用 setState，否则会导致状态更新错乱。

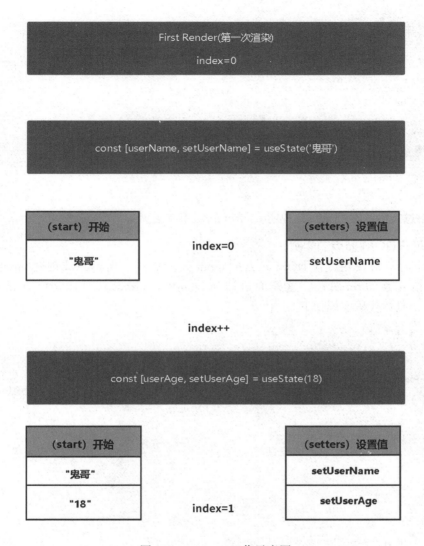

图 3-6　useState 工作示意图

3.2　useRef

useRef 返回一个可变的 ref 对象，该对象只有一个 current 属性，初始值为传入的参数（initialValue），并且返回的 ref 对象在组件的整个生命周期内保持不变。

useRef 是来解决如下问题的：

❑ 获取子组件或者 DOM 节点的实例对象；

❑ 存储渲染周期之间的共享数据。

3.2.1 上手使用 useRef

useRef 的基础语法如下：

```
import ReactDOM from 'react-dom';
import React, { useRef } from "react";

function App() {
  const refCom = useRef(null);

  return (<></>);
}
```

下面通过实际的案例来具体说明 useRef 的使用方法。

1. 获取子 DOM 节点的实例

我们通过单击按钮，让 DOM 元素的 input 获得焦点。用 useRef 创建 inputRef 对象，并将其赋给元素的 ref 属性。这样通过访问 inputRef.current 就可以访问到 input 对应的 DOM 对象。具体代码实现如下。

```
import ReactDOM from 'react-dom';
import React, { useRef } from "react";

function App() {
  const inputRef = useRef(null);

  const onButtonClick = () => {
    if (inputRef.current) {
      inputRef.current.focus();
    }
  }

  return (
    <div>
      <input type="text" ref={inputRef} />
      <button onClick={onButtonClick}>点击获得焦点 </button>
    </div>
  );
}

ReactDOM.render(
  <App />,
  document.getElementById('root')
);
```

运行上述代码后，单击"点击获得焦点"按钮，输入框成功获取焦点，如图 3-7 所示。

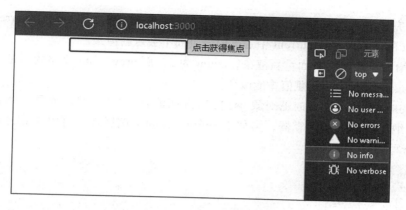

图 3-7　输入框成功获取焦点

2. 存储渲染周期之间的共享数据

利用 useRef 获取上一轮的 props 或状态，具体实现如下。

```js
import ReactDOM from 'react-dom';
import React, { useState, useEffect, useRef } from "react";
function App() {
  const [count, setCount] = useState(0);

  const prevCountRef = useRef();

  const prevCount = prevCountRef.current;

  useEffect(() => {
    (prevCountRef as any).current = count;
  });

  return (
    <div className="App">
      <div className="warp-com">
        <h1>
          现在的值：{count}；之前的值：{prevCount}
        </h1>
        <button onClick={() => setCount((count) => count + 1)}>增加</button>
      </div>
    </div>
  );
}

ReactDOM.render(
  <App />,
  document.getElementById('root')
);
```

利用页面渲染时先取到的 count 值为 0，此时 prevCount 刚刚创建，还是一个 undefined。

当页面渲染完成进入副作用 useEffect 中时，进行赋值操作 prevCountRef.current = count。这时候 count 的值就保存到 current 中了，但是页面不会重新渲染。

单击"增加"按钮时页面重新渲染，count 为 2，而 prevCount 存储的还是上次的值 1，只有等进入 useEffect 中重新赋值才能改变。

利用 useRef 获取不变定时器对象 useRef() 返回的 ref 对象，该对象是一个 current 属性可变且可容纳任意值的通用容器，类似于一个 class 的实例属性。可以在 useEffect 内部对 ref 对象进行写入。

```
function App() {
  const intervalRef = useRef();

  useEffect(() => {
    const id = setInterval(() => {

    });
    intervalRef.current = id;

    return () => {
      clearInterval(intervalRef.current);
    };
  });
}
```

把定时器的 ID 存入 useRef 中，这样这个定时器 ID 不仅在 useEffect 中可以获取，而且在整个组件函数中都可以获取。

3.2.2 使用 useRef 时的注意事项

注意事项一：组件的每次渲染，useRef 返回值都不变。

我们看下面的示例代码。

```
import ReactDOM from "react-dom";
import React, { useState, useRef } from "react";

function Time(){
  const ref = useRef(new Date().getTime());
  console.log(ref.current)
  return <>{ref.current}</>
}

function App() {
  const [num,setNum]=useState(0);
  const setCount=()=>{
    setNum(num+1)
  }
  return (
```

```
    <div className="App">
      <div className="warp-com">
        <p> 更新时间戳：<Time></Time></p>
        <p> 次数 :{num}</p>
        <button onClick={setCount}> 增加 </button>
      </div>
    </div>
  );
}
```

　　运行上述代码，在出现的页面中单击"增加"按钮，此时会触发父组件 App 的 num 更新。num 更新后，App 组件会重新渲染子组件 Time，但是在子组件中输入的时间戳日志每次的值都是一样的，这证明组件的每次渲染，useRef 返回值都不变，如图 3-8 所示。

图 3-8　每次渲染，useRef 返回值都不变

注意事项二：ref.current 发生变化并不会造成重新渲染。

我们看下面的示例代码。

```
import ReactDOM from "react-dom";
import React, { useState, useRef } from "react";

function Time(){
  console.log(" 是否变化时间戳: ",new Date().getTime())
  return <></>
}

function App() {
  const ref = useRef(new Date().getTime());
  const setRef=()=>{
    ref.current++;
    console.log("ref.current==>",ref.current)
  }
  return (
```

```
    <div className="App">
      <div className="warp-com">
        <p><Time></Time></p>
        <button onClick={setRef}>增加</button>
      </div>
    </div>
  );
}
```

运行上述代码，在出现的页面中单击"增加"按钮，触发父组件 App 的 ref.current 增加，但是每次单击按钮并没导致 Time 组件输出日志信息，这证明 ref.current 发生变化并不会造成重新渲染，如图 3-9 所示。

图 3-9　单击按钮没有导致 Time 组件输出日志信息

注意事项三：不可以在 render 里更新 ref.current 值。

我们看下面的示例代码。

```
import ReactDOM from "react-dom";
import React, { useState, useRef } from "react";

function App() {
  const [num,setNum]=useState(0);
  const ref = useRef(0);
  ref.current++;

  const onSetNum=()=>{
    setNum(num+1);
    console.log("ref.current 现在的值: ",ref.current)
  }
  return (
```

```
      <div className="App">
        <div className="warp-com">
          <button onClick={onSetNum}>增加</button>
        </div>
      </div>
    );
  }
```

运行上述代码，在出现的页面中单击"增加"按钮，触发 onSetNum 函数更新 num，函数输出 ref.current 最新的值，如图 3-10 所示。由图中右侧的日志可以看出，因为每次更新 num 导致组件重新渲染，所以每次都更新 ref.current 的值。此时如果 ref.current 的值用于某个值的判断，那就会导致整个业务逻辑出现错误。所以不可以在 render 里更新 ref.current 值。

图 3-10　更新 num 导致组件重新渲染

注意事项四：如果给一个组件设定了 ref 属性，但是对应的值却不是由 useRef 创建的，那么实际运行中会收到 React 的报错，无法正常渲染。

我们来看下面的示例代码。

```
import ReactDOM from "react-dom";
import React, {  useState } from "react";

function App() {
  const [num,setNum] = useState('');

  return (
    <div className="App">
      <p ref={num}></p>
    </div>
  )
```

```
}

ReactDOM.render(
  <App />,
  document.getElementById('root')
);
```

在上述代码中，我们把 useState 定义的变量 num 赋值给了 p 元素的 ref 属性，运行的时候控制台直接报错。可见 ref 属性不能赋值为其他类型的变量值，只能赋值为 useRef 创建的对象。

注意事项五：ref.current 不可作为其他 Hooks 的依赖项，因为 ref 是可变的，不会使界面再次渲染。

我们看下面的示例代码。

```
import ReactDOM from 'react-dom';
import React, { useRef,useEffect } from "react";

function App() {
  const uuidRef = useRef('');

  const onClick=()=>{
    uuidRef.current=`uuid-${new Date().getTime()}`;
    console.log(uuidRef.current)
  }

  useEffect(() => {
    if(uuidRef.current){
      console.log('不会执行这个输出日志')
    }
  },[])

  return (
    <div className="App">
      <p> uuidRef.current: { uuidRef.current }</p>
      <button onClick={ onClick }>点击按钮设置标识</button>
    </div>
  )
}

ReactDOM.render(
  <App />,
  document.getElementById('root')
);
```

运行上述代码并单击"点击按钮设置标识"按钮，虽然 uuidRef.current 的值发生了变化，但是既不会导致页面的更新，也不会打印"不会执行这个输出日志"，因为 ref.current 不可以作为其他 Hooks（useMemo、useCallback、useEffect 等）的依赖项。ref.current 的值发生变更并不会造成重新渲染，React 也不会跟踪 ref.current 的变化。

3.3　forwardRef

3.2 节中讲了 ref，ref 的作用是获取实例，但是如果目标组件是一个自定义函数组件（Function Component），那么它是没有实例的，此时用 ref 去传递会报错，因为它无法获取到实例。React.forwardRef 就是用来解决这个问题的。

React.forwardRef 会创建一个 React 组件，这个组件能够将其接收的 ref 属性转发到自己的组件树。

3.3.1　上手使用 forwardRef

下面我们就通过实际运用来了解 forwardRef 和 ref 的区别。

假设有这样一个需求：在父组件中获取某个子组件中的 input 元素，然后设置使 input 获取焦点。应该怎么处理？

有些人可能会说，前面已经学习了 useRef，我们完全可以通过父组件将 ref 参数传递给子组件的 input，然后获取 input 触发获取焦点。不过，通过前面对 forwardRef 的概述可以知道，这种方式是错误的，因为自定义函数组件是没有实例的，所以 ref 显示获取不到的实例，React 会直接报错。

下面用实际的代码来重现上面的问题。

```
import ReactDOM from "react-dom";
import React, {   useRef } from "react";
function Child(props:any){
  console.log("props.ref==>",props.ref)
  return <>
    <input type="text" ref={props.ref}/>
  </>
}

function App() {
  const ref = useRef(null);

  return (
    <div className="App">
      <Child ref={ref}></Child>
    </div>
  )
}

ReactDOM.render(
  <App />,
  document.getElementById('root')
);
```

运行上述代码，会发现控制台直接报错了，如图 3-11 所示，显然 React 是不支持这个做法的。

图 3-11　控制台报错

下面我们以实践的形式通过 React.forwardRef 来解决上述问题。首先导入需要的钩子。

```
import ReactDOM from 'react-dom';
import React, { useRef, useEffect, forwardRef, useState } from "react";
```

然后编写一个包含 input 元素的子组件，需要注意的是，要使用 forwardRef 包裹组件函数。

```
/**
* 子组件
*/
const Child = forwardRef((props, ref) => {
  return <input
          placeholder={ props.placeholder }
          type="text"
          ref={ref} />;
});
```

最后编写一个父组件，在父组件中使用子组件，并且使用 useRef 创建 ref 实例，赋值给子组件。

```
/**
* 父组件
* @returns
*/
function App() {
  const ref = useRef(null);
  const [placeholder,setPlaceholder]=useState('请输入搜索内容')

  const onClick=()=>{
    console.log('子组件内容 ===>',ref.current.value)
```

```
  }

  useEffect(() => {
    ref.current.focus();
  }, []);

  return (
    <div className="App">
      <Child placeholder={ placeholder } ref={ ref }/>
      <button onClick={ onClick }>获取子组件内容</button>
    </div>
  )
}

ReactDOM.render(
  <App />,
  document.getElementById('root')
);
```

运行上面的代码，在随后出现的图 3-12 所示的界面中单击"获取子组件内容"按钮，我们会发现，已经成功设置子组件的焦点事件。此处需要注意的是，在子组件中接收的 ref 属性并不是通过 props 传递过来的，而是通过子组件函数的第二个参数传递过来的。

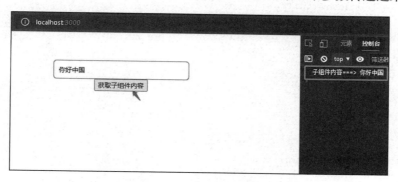

图 3-12　成功设置子组件的焦点事件

3.3.2　使用 forwardRef 时的注意事项

注意事项一：ref 必须指向 DOM 元素。

我们先来看一个错误示例。

（1）导入需要的 Hooks。

```
import ReactDOM from "react-dom";
import React, { useRef, forwardRef } from "react";
```

（2）定义一个孙子组件 A，并在 A 组件中接收传递的 ref 对象。

```
const A = ((props) => {
  console.log("ref==>", props.ref);
  return (
    <>
      <p ref={props.ref} />;
    </>
  );
});
```

（3）定义 B 组件，在 B 组件中使用 A 组件，并把从父组件传递过来的 ref 对象传递给 A 组件。

```
const B = forwardRef((props, ref) => {
  return (
    <>
      <A ref={ref} />
    </>
  );
});
```

（4）在父组件中使用 B 组件，并把 useRef 创建的 ref 对象传递给 B 组件。

```
function App() {
  const ref = useRef(null);

  return (
    <div className="App">
      <B ref={ref}></B>
    </div>
  );
}

ReactDOM.render(
  <App />,
  document.getElementById('root')
);
```

执行上述代码，会发现 A 组件中输入的 ref 对象为空。这是一个大家经常犯的错误，这里的 ref 是无法生效的，因为 ref 必须指向 DOM 元素。

下面看一个正确的示例。

（1）导入需要的 Hooks。

```
import ReactDOM from "react-dom";
import React, { useRef, forwardRef } from "react";
```

（2）定义一个孙子组件 A，并在 A 组件中接收传递过来的 ref 对象。

```
const A = (() => {
  return (
    <>
```

```
        <p/>;
      </>
    );
  });
```

（3）定义 B 组件，在 B 组件中使用 A 组件，并把从父组件传递过来的 ref 对象传递给
A 组件。

```
const B = forwardRef((props, ref) => {
  console.log("ref==>",ref);
  return (
    <div ref={ref}>
      <A/>
    </div>
  );
});
```

（4）在父组件中使用 B 组件，并把 useRef 创建的 ref 对象传递给 B 组件。

```
function App() {
  const ref = useRef(null);

  return (
    <div className="App">
      <B ref={ref}></B>
    </div>
  );
}

ReactDOM.render(
  <App />,
  document.getElementById('root')
);
```

执行上述代码，会发现输出的结果是正确的，因为 ref 已经指向了 DOM 元素。

注意事项二：forwardRef 可以应用到高阶组件中。

下面我们看一个示例，该示例实现了如下功能：通过 memo 创建高阶组件，给高阶
组件设置自定义 props，然后被包裹的子组件即可使用 props 获取父组件传递过来的 ref 属
性了。

（1）导入需要的 Hooks。

```
import ReactDOM from "react-dom";
import React, { useRef,forwardRef,memo } from "react";
```

（2）定义最内部的被包装组件。

```
const Content = (props: any) => {
  return <input ref={props.forwardedRef} />;
};
```

（3）通过 memo 钩子创建高阶组件。

```
// forwardRef 的第二个入参可以接收 ref，在 HOC 外层对 ref 做处理
const Wrapper = forwardRef((props, ref) => {
  const ContentWarp = memo(Content);// HOC
  // forwardRef 包裹的是 Wrapper
  // 需要在 Wrapper 中把 ref 向下传递给真实组件
  // 在 Wrapper 中增加一个 props 属性，把 ref 对象作为 props 传给子组件
  return <ContentWarp {...props} forwardedRef={ref} />;
});
```

（4）父组件创建 ref 对象，传递给高阶组件的实例对象。

```
function App() {
  const myRef = useRef(null);

  const onGetInfo = () => {
    console.log(myRef);
    myRef.current.focus()
  };

  return <div className="App">
        <Wrapper ref={myRef} />
        <button onClick={onGetInfo}>点击获取输入框</button>
      </div>
}

ReactDOM.render(
  <App />,
  document.getElementById('root')
);
```

3.4　useImperativeHandle

在 3.3 节中，ref 拿到了 Child 组件的完整实例，ref 不但可以使用 Child 组件的所有方法，而且可以获取到它的所有属性。这种方式虽然方便，但是缺点也很明显：这样做会全面暴露组件内部 API，从而导致在外部使用 API 时有更大的自由度，这其实不是好事，因为这会提高组件的使用难度。所以这种方式在实际开发中是不推荐的。

我们应该严格控制 ref 的暴露颗粒度，控制它能调用到的方法，只暴露外部要使用的主要功能函数，其他功能函数不暴露。React 官方提供 useImperativeHandle，目的就是让你在使用 ref 时可以自定义暴露给外部组件哪些功能函数或者属性。

3.4.1　上手使用 useImperativeHandle

useImperativeHandle 的基础使用语法如下。

```
useImperativeHandle(ref, createHandle, [deps])
```

对上述代码中所涉参数说明如下。

- ❑ ref：定义 current 对象的 ref 属性。
- ❑ createHandle：这是一个函数，返回值是一个对象，即这个 ref 的 current 对象。
- ❑ [deps]：依赖列表。当监听的依赖发生变化时，useImperativeHandle 才会重新将子组件的实例属性输出到父组件 ref 的 current 属性上；如果为空数组，则不会重新输出。

下面通过一个真实的案例来学习 useImperativeHandle。我们要实现这样一个功能：进入页面后默认让当前页面的第一个输入框元素获取焦点，单击按钮，可以获取输入框内容并执行表单搜索操作。

要想完成这个功能，我们要先定义一个表单输入框组件。输入框组件需要支持获取输入框的内容，并且支持设置输入框元素焦点。

（1）编写主体内容。此处我们完成组件的基本代码编写，通过 props 接收 input placeholder 属性文本信息的定义，此时支持获取和设置输入框的值。

```
import React, { forwardRef,useRef,useState,useImperativeHandle } from "react";
const InputCom = (props) => {
  const onChange=(event:any)=>{
    const value=event.currentTarget.value;
    props.onChange(value);
  }

  return <input
    onChange={ onChange }
    value={ props.value }
    placeholder={ props.placeholder } />;
};
```

（2）提供外部能够设置输入框获取焦点的函数。通过 forwardRef 接收父组件传递过来的 ref 对象，使用 useImperativeHandle 定义将哪些函数或者属性暴露给外部访问。

```
import React, { forwardRef,useRef,useState,useImperativeHandle } from "react";
// 注意事项
const InputCom = forwardRef((props,ref) => {
  // 输入框内容改变，更新状态变量值
  const onChange = (event:any)=>{
    const value = event.currentTarget.value;
    props.onChange(value);
  }

  // 第一个参数：暴露哪个 ref
  // 第二个参数：暴露什么
  useImperativeHandle(ref,()=>{
    return {
```

```
    focus: () => (ref.current as HTMLInputElement).focus(),
  }
  // 此处切记一定要设置监听对象
},[props.value])

return <input
  ref={ref}
  onChange={ onChange }
  value={ props.value }
  placeholder={ props.placeholder } />;
});
```

　　需要注意的是，ref 是组件中的第二个参数，与 props 是完全独立的，这一点在实际开发中非常容易搞混。在同时使用 useImperativeHandle 和 forwardRef 时，可以减少暴露给父组件的属性，这不仅可以避免性能浪费，也符合开发规范。比如，此处只暴露了外部必现的 focus 函数。

　　（3）在父组件中使用表单输入框组件。

```
import ReactDOM from "react-dom";
import React, { useState } from "react";
function App() {
  const [placeholder, setPlaceholder] = useState(" 请输入搜索内容 ");
  const [queryKey, setQueryKey] = useState("");
  const inputEl = useRef();

  const onQuery = () => {
    console.log(" 开始查询 ****");
    console.log("ref.current****");
    console.log(ref.current)
    const from={ queryKey };
    // 假装查询数据了
    console.log(" 查询结束 ****");
  };

  const onClean = ()=>{
    setQueryKey("");
    inputEl.current.focus();
  }

  return (
    <div className="App">
      <InputCom
        ref = {inputEl}
        onChange= {setQueryKey}
        value= {queryKey}
        placeholder={ placeholder }/>
      <button onClick={ onQuery }> 查询数据 </button>
      <button onClick={ onClean }> 重置 </button>
```

```
    </div>
  );
}

ReactDOM.render(<App />,document.getElementById("root"));
```

运行上述代码，在随后出现的图 3-13 所示界面中单击"重置"按钮，会清空输入框中的内容，并且通过 ref 属性的 inputEl 对象获取到输入框元素实例对象，然后给实例对象设置焦点。

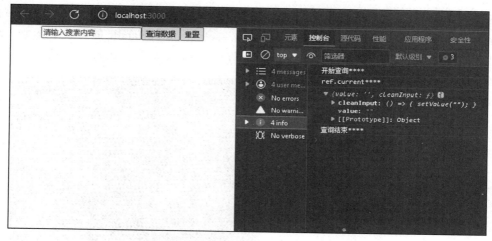

图 3-13　清空输入框中的内容

我们可以在控制台中查看 ref 对象，会发现对象中只包含 focus 属性，而内部的 onChange 函数并没有，这就是 useImperativeHandle 的魅力所在了，它能够控制外部只能访问在 useImperativeHandle 内部定义的函数或者属性。

3.4.2　使用 useImperativeHandle 时的注意事项

注意事项一：[deps] 钩子函数的第三个参数，如果里面涉及某个变化的值，只有当第三个参数发生改变时，父组件接收到的该值才会发生改变。

现在我们沿用上面的代码，只把 InputCom 组件中 useImperativeHandle 第三个属性设置为空，看看结果是怎样的。

```
// 使用 useImperativeHandle 定义将哪些函数或者属性暴露给外部访问
useImperativeHandle(ref,()=>{
  return {
    focus: () => (ref.current as HTMLInputElement).focus(),
  }
  // 此处设置为空
```

```
},[])
function App() {
  const onQuery = () => {
    console.log(" 开始查询 ****");
    console.log("ref.current****");
    console.log(ref.current)
    // 假装查询数据了
    console.log(" 查询结束 ****");
  };
}
```

运行上述代码，此时的结果是，ref 对象的 value 属性没有更新。如果父组件需要获取 useImperativeHandle 设置的子组件中更新的值，useImperativeHandle 的第三个参数必须是子组件中当前更新值的对象，比如 InputCom 组件中的 value 对象，如图 3-14 所示。

图 3-14　InputCom 组件中的 value 对象

注意事项二：useImperativeHandle 和 React.forwardRef 必须配合使用，否则在运行的时候会直接报错。

注意事项三：使用 useImperativeHandle 后，可以让父、子组件分别有自己的 ref，通过 React.forwardRef 将父组件的 ref 传递过来，通过 useImperativeHandle 方法来自定义开放给父组件的 current。

3.4.3　useImperativeHandle 原理解读

useImperativeHandle 一般与 forwardRef 一起使用，主要作用与 forwardRef 基本相同，都是将子组件的一些数据暴露给父组件。二者的区别在于，只使用 forwardRef 时只能够使用 ref 转发对外暴露 DOM 元素实例，而只使用 useImperativeHandle 时能够自定义对外暴露的实例值。

常规父组件控制子组件的行为都是通过将状态通过 props 传给子组件，然后在父组件中控制该状态来实现，但是在少数情况下，例如在开发一些通过方法调用而非组件式调用的复杂 UI 组件时，这种方式满足不了我们的需求。这时就可以采用父组件通过子组件 useImperativeHandle 暴露出的 API 修改子组件状态的方式来达到目的。

3.5　useEffect

useEffect 就是我们常说的 React 中的副作用。执行 setState 会产生新的更新，而每次更新都会触发 useEffect 的依赖监听。useEffect 接收一个方法作为第一个参数，该方法会在每次渲染完成之后被调用。它还会接收一个数组作为第二个参数，这个数组里的每一项内容都会被用来进行渲染前后的对比，如果没有变化，则不会调用该副作用。

我们可以在 useEffect 的第一个参数（effect）回调函数中加入一些请求数据、事件监听等操作；将第二个参数（deps）作为 dep 依赖项，当依赖项发生变化时，重新执行第一个函数。

useEffect 的构成如下。

```
function useEffect(
  effect: EffectCallback,
  deps?: DependencyList,
): void,
```

3.5.1　上手使用 useEffect

useEffect 的基础使用方法如下。

```
import React, { useEffect } from "react"
function App() {
  useEffect(()=>{

  },[])

  return (<></>);
}
```

默认情况下，在第一次渲染和每次状态更新之后都会执行 useEffect，也可以说，useEffect 只在某些值发生变化之后执行。使用 useEffect 的好处是，每轮渲染结束后会延迟调用 useEffect（异步执行），这保证了执行 useEffect 的时候，DOM 都已经更新完毕。也就是说，useEffect 的执行不会因阻碍 DOM 渲染而造成视觉阻塞。

下面我们通过一个示例来详细介绍 useEffect 的基础使用方法。从 React 中导入并使用 useEffect。

```
import React, { useEffect } from "react"
function App() {

  useEffect(()=>{
    // 首次渲染，并且所有useState更新都会触发
  })

    return (
      <div className="App">
        你好中国
      </div>
    );
}
```

上述代码只是一种最基础的使用，下面我们对每个参数进行举例讲解。

第一个参数（effect）是一个函数（这里叫 effect 函数），这个参数是必传的，在页面渲染后执行，因此可以把 AJAX 请求等放在里面执行。

第二个参数（deps）是一个数组，如果不传，则每次渲染后都执行清理或者执行 effect 函数，比如下面这段代码：

```
import React, { useState,useEffect } from "react";

function App() {
  const [time,setTime]=useState(new Date().getTime());

  const onSetTime = () => {
    setTime(new Date().getTime());
  }

  useEffect(()=>{
    console.log('更新时间戳:',time)
  })

  return (
    <div className="App">
      当前时间戳：{time}
      <button onClick={ onSetTime }> 更新时间 </button>
    </div>
  );
}
```

运行上述代码，在随后出现的图 3-15 所示界面中单击"更新时间"按钮，触发 time 状态的更新，这会导致组件重新渲染。因为 useEffect 没有传递第二个参数，所以每次渲染后都执行 useEffect，这可能会导致性能问题，比如两次渲染的数据完全一样。因此一般情况下，第二个参数也是必传的。

图 3-15　组件重新渲染

如果第二个参数传递一个空数组会怎样？我们还是使用上面的代码，只是将第二个参数设置为空数组。

```
import ReactDOM from "react-dom";
import React, { useState,useEffect } from "react";
import './App.css';

function App() {
  const [time,setTime]=useState(new Date().getTime());

  const onSetTime = () => {
    setTime(new Date().getTime());
  }

  useEffect(()=>{
    console.log('更新时间戳 :',time)
  },[])

  return (
    <div className="App">
      当前时间戳: {time}
      <button onClick={ onSetTime }>更新时间 </button>
    </div>
  );
}
```

运行上述代码，在随后出现的图 3-16 所示界面中单击"更新时间"按钮，然后查看控制台，发现只有一次输出日志信息。而每次单击"更新时间"按钮，都没有触发新的日志信息输出。可见当 useEffect 的第二个参数为空数组的时候，只运行一次 effect（仅在组件挂载和卸载的时候）。因为不依赖于 props 或 state 中的任何值，所以 useEffect 永远都不会重复执行。

图 3-16　传递一个空数组

如果第二个参数传递一个或多个 useState 变量会怎样？我们还是用上面的代码，只不过这次将第二个参数设置为一个 useState 变量 time。

```
import React, { useState,useEffect } from "react";

function App() {
  const [time,setTime]=useState(new Date().getTime());

  const onSetTime = () => {
    setTime(new Date().getTime());
  }

  useEffect(()=>{
    console.log('更新时间戳：',time)
  },[time])

  return (
    <div className="App">
      当前时间戳：{time}
      <button onClick={ onSetTime }>更新时间</button>
    </div>
  );
}
```

运行上述代码，在随后出现的图 3-17 所示界面中单击"更新时间"按钮，React 将对前一次渲染的 time 和后一次渲染的 time 进行比较。若相等，则 React 会跳过这个 effect。这样就实现了性能优化，因为我们每次单击按钮都更新了 time，所以每次都会触发输出日志。

图 3-17　传递一个或多个 useState 变量

useEffect 可以返回一个函数，用于清除副作用的回调，类似于 Vue 中的 destroyed 钩子。实际场景：如果当前组件中使用了定时器或者对 DOM 元素的监听，可以在此回调函数中触发卸载，比如下面的案例。

```
import React, { useEffect } from "react"
function App() {
  const onHandleResize=()=> {
    console.log('.页面窗口大小改变 ')
  }

  useEffect(()=>{
    // 定时器、延时器等
    const timerObj = setInterval(()=>{
      console.log(' 每秒 +1')
    },1000)

    // 监听 DOM 事件
    window.addEventListener('resize', onHandleResize)

    return ()=>{
      // 卸载定时器
      clearInterval(timer)
      // 卸载监听 DOM 事件
      window.removeEventListener('resize', onHandleResize)
    }
  },[])

  return (
    <div className="App">
      你好中国
    </div>
  );
}
export default App;
```

useEffect 可以返回一个函数场景，子组件销毁触发卸载函数。实际场景：在父组件中单击一个按钮，设置一个状态变量，如果变量的值为 true，则显示，否则隐藏。

```
import ReactDOM from "react-dom";
import React, { useState, useEffect } from "react";

function ChildCom() {
  useEffect(() => {
    return () => {
      console.log(" 组件卸载 *****");
    };
  }, []);

  return <> 我是子组件 </>;
}

function App() {
  const [show, setShow] = useState(true);

  const onSetShow = () => {
    setShow(false);
  };

  return (
    <div className="App">
      { show?<ChildCom />:<></> }
      <button onClick={onSetShow}> 卸载组件 </button>
    </div>
  );
}
```

运行上述代码，在随后出现的图 3-18a 所示界面中单击父组件中的"卸载组件"按钮，触发更新 show 变量，将值更新为 false，所以子组件 ChildCom 会被卸载。当子组件被卸载的时候，会触发子组件的 useEffect 中的回调函数，最终效果如图 3-18b 所示。

a）单击按钮前

图 3-18 子组件销毁触发卸载函数

b）单击按钮后

图 3-18　（续）

3.5.2　使用 useEffect 时的注意事项

注意事项一：useEffect 的第二个参数不能为引用类型，因为引用类型比较不出来数据的变化，会造成死循环。

下面看一个示例。

```
import React, { useState, useEffect } from 'react';

function App() {
  const [user, setUser] = useState({userName:null});

  const onClick=()=>{
    setUser({userName:'鬼鬼'});
  }

  useEffect(() => {
    console.log('重写渲染了******')
    setUser({test:"user 是一个对象，使得页面死循环"})
  },[user]);

  return (
    <div>
      <p>我的名字: {user.userName} </p>
      <button onClick={ onClick }>
        点击更新用户信息
      </button>
    </div>
  );
}
```

运行上述代码会看到图 3-19 所示界面，页面出现了死循环，这是因为在 JavaScript 中 {} === {} 的结果是 false，{a:1} === {a:1} 也是这样，这会造成 React 以为两个值不同，就会一直渲染。其实在正常的开发过程中，我们不推荐在 useEffect 中更改监听变量的值，即使它不是引用类型。

图 3-19　页面出现死循环

注意事项二：多个副作用能写在一起，需要多个 useEffect。

比如我们希望根据输入账号名称或类型搜索对应的账号数据，错误的实现代码如下。

```
import ReactDOM from "react-dom";
import React, { useState,useEffect } from "react";
import "./App.css";
/** 模拟数据 */
const mockUserList = [
  {userName:'鬼哥'},
  {userName:'张三'},
  {userName:'李四'},
  {userName:'王五'},
  {userName:'赵六'},
  {userName:'田七'},
  {userName:'赵九'},
  {userName:'王十'},
]

const mockUserType=[
  {name:'管理员'},
  {name:'普通用户'},
]
function App() {
  // 搜索关键词
  const [queryName, setQueryName] = useState(null);
  const [queryType, setQueryType] = useState(null);
  // 账号类型
  const [userTypes, setUserTypes] = useState([]);
  // 搜索结果集合
  const [userList, setUserList] = useState([]);
```

```
    const onQueryUser=()=>{
      console.log(' 查询用户数据 *****')
      const filterList = mockUserList.filter((item)=>{
        return queryName?item.userName.indexOf(queryName) !== -1:true
      })
      setUserList(filterList);
    }

    const onQueryType=()=>{
      console.log(' 查询用户类型 *****')
      setUserTypes([...mockUserType]);
    }

    useEffect(() => {
      onQueryUser();
      onQueryType();
    }, [queryName,queryType]);

    return (
      <div className="App">
        <input placeholder=" 请输入搜索关键词 " value={ queryName } onChange={(e) => {
          setQueryName(e.target.value);
        }}/>
        <select onChange={(e) => {
          setQueryType(e.target.value);
        }}>
          {
            userTypes.map((item,index)=>{
              return <option key={ index } value={ item.name }>{ item.name }</option>
            })
          }
        </select>
        <p>搜索结果 :</p>
        <div className="user-list">
          {
            userList.map((item,index)=>{
            return <div className="user-info"  key={ index }>
                  { item.userName }
                </div>
            })
          }
        </div>
      </div>
    )
  }
```

运行上述代码会得到图 3-20 所示界面。在当前的需求中，queryName 或者 queryType 值的改变并不会同时改变 userTypes 和 userList，改变 queryName 只会导致 userList 的改变。在设置 userTypes 和 userList 的时候应该使用两个 useEffect 来分别监听数据的更新。在其他业务场景中也是如此，useEffect 要检查依赖项是否同时触发副作用内的函数，如果不触发，则各自应分开写。

图 3-20　搜索账号错误示例

正确的写法如下。

```
import ReactDOM from "react-dom";
import React, { useState,useEffect } from "react";
import "./App.css";
/** 模拟数据 */
const mockUserList = [
  {userName:'鬼哥'},
  {userName:'张三'},
  {userName:'李四'},
  {userName:'王五'},
  {userName:'赵六'},
  {userName:'田七'},
  {userName:'赵九'},
  {userName:'王十'},
]

const mockUserType=[
  {name:'管理员'},
  {name:'普通用户'},
]
function App() {
  //搜索关键词
  const [queryName, setQueryName] = useState(null);
  const [queryType, setQueryType] = useState(null);
  //账号类型
  const [userTypes, setUserTypes] = useState([]);
  //搜索结果集合
  const [userList, setUserList] = useState([]);
```

```
const onQueryUser=()=>{
  console.log('查询用户数据 *****')
  const filterList = mockUserList.filter((item)=>{
    return queryName?item.userName.indexOf(queryName) !== -1:true
  })
  setUserList(filterList);
}

const onQueryType=()=>{
  console.log('查询用户类型 *****')
  setUserTypes([...mockUserType]);
}
// 搜索条件触发重写搜索
useEffect(() => {
  onQueryUser();
}, [queryName,queryType]);

// 只有在初始化的时候需要查询一次类型数据
useEffect(() => {
  onQueryType();
}, []);
return (
  <div className="App">
    <input placeholder=" 请输入搜索关键词 " value={ queryName } onChange={(e) => {
      setQueryName(e.target.value);
    }}/>
    <select onChange={(e) => {
      setQueryType(e.target.value);
    }}>
      {
        userTypes.map((item,index)=>{
          return <option key={ index } value={ item.name }>
                 { item.name }
                 </option>
        })
      }
    </select>
    <p>搜索结果:</p>
    <div className="user-list">
      {
        userList.map((item,index)=>{
        return <div className="user-info" key={ index }>
               { item.userName }
               </div>
        })
      }
    </div>
  </div>
```

```
    )
}

ReactDOM.render(<App />,document.getElementById("root"));
```

运行上述代码，会得到图 3-21 所示界面。

图 3-21　搜索账号正确示例

注意事项三： 对于传入的对象类型，React 只会判断引用是否改变，不会判断对象的属性是否改变，所以建议依赖数组中传入的变量都采用基本类型。

下面我们看一个示例。在这个示例中，只要单击按钮就会触发日志输出。因为只要是引用类型，不管其中的某个值是否发生变化，都会触发 useEffect 内的监听。

```
import ReactDOM from "react-dom";
import React, { useState,useEffect } from "react";

function App() {
  const [user, setUser] = useState({userName:'鬼哥',userAge:null});
  const onClick=()=>{
    setUser({...user,userAge:18})
  }
  useEffect(() => {
    console.log('鬼哥私密信息被曝光')
  }, [user]);

  return (
    <>
      <p>{ user.userName }</p>
      <p>{ user.userAge }</p>
      <button onClick={ onClick }>
        点击查看鬼哥私密信息
      </button>
```

```
     </>
   );
}

ReactDOM.render(<App />,document.getElementById("root"));
```

运行上述代码，单击"点击查看鬼哥私密信息"按钮会出现图 3-22 所示界面。

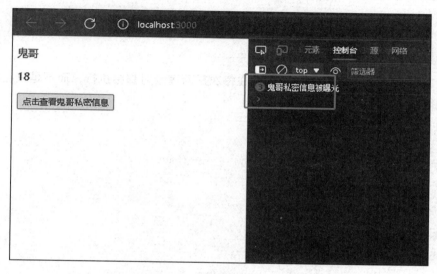

图 3-22　单击"点击查看鬼哥私密信息"按钮后的界面

多次单击按钮，"鬼哥私密信息被曝光"这条输出日志并不会多次输出，这也就达到了优化性能的目的。

```
import ReactDOM from "react-dom";
import React, { useState,useEffect } from "react";

function App() {
  const [user, setUser] = useState({
    userName:'鬼哥',
    userAge:null
  });

  const onClick=()=>{
    setUser({...user,userAge:18})
  }

  useEffect(() => {
    console.log('鬼哥私密信息被曝光')
  }, [user.userAge]);

  return (
```

```
  <>
    <p>{ user.userName }</p>
    <p>{ user.userAge }</p>
    <button onClick={ onClick }>
       点击查看鬼哥私密信息
    </button>
  </>
 );
}


ReactDOM.render(<App />,document.getElementById("root"));
```

注意事项四：useEffect 的清除函数在每次重新渲染时都会执行，而不是只在卸载组件的时候执行。

我们看一个示例。

```
import ReactDOM from "react-dom";
import React, { useState,useEffect } from "react";

function App() {
  const [count, setCount] = useState({});

  const onClick=()=>{
    setCount(count + 1);
  }

  useEffect(() => {
    console.log("useEffect");
    return () => {
      console.log("return");
    };
  }, [count]);


  return (
    <div>
      <button onClick={ onClick }>
         点击我
      </button>
    </div>

  );
}
```

运行上述代码会得到图 3-23 所示界面。每次单击“点击我”按钮，控制台都会输出“useEffect”日志信息，说明 useEffect 函数在每次状态更新时都会执行，而不是只在卸载组件的时候执行。

图 3-23   单击"点击我"按钮后的界面

3.5.3   useEffect 原理解读

useEffect 的基础语法如下：

```
const App = props => {
  const [ value, setValue ] = useState(1);
    useEffect(() => {
      // 逻辑代码
      // 清除函数
      return ()=>{

      }
  }, [ value ]);
  return <button>{value}</button>
};
```

结合上面的 useEffect 基础语法理解以下代码：

```
// 存储上一次的依赖值
const lastDepsBoxs = [];
const lastClearCallbacks = [];
let index = 0;
const useEffect = (callback, deps) => {
  // 获取上一次的状态值
  const lastDeps = lastDepsBoxs[index];
  // 比较是否存在变化：
  // lastDeps 为空，代表首次渲染，肯定触发
  // deps 不传，次次触发
  const changed = !lastDeps || !deps
    || deps.some((dep, index) => dep !== lastDeps[index]);
  // 有变化
  if (changed) {
    // 存储更新项的依赖值
```

```
    lastDepsBoxs[index] = deps;
    // 执行依赖项对应的副作用函数
    if (lastClearCallbacks[index]) {
        lastClearCallbacks[index]();
    }
    // 清除函数暂存器
    lastClearCallbacks[index] = callback();
    }
    index ++;
};
```

当 useEffect 首次执行，或者每次依赖项数据发生变化时，会比较依赖，如果依赖项目有变化，执行回调函数。

3.6　useLayoutEffect

前面学习了 useEffect，useLayoutEffect 的使用方式其实和 useEffect 很相似，也接收一个函数和一个数组，只有在数组里面的值改变的情况下才会再次执行副作用，并且也可以返回一个函数。所以我们可以参考 useEffect 来学习 useLayoutEffect。下面先看看它们的不同之处。

❑ useEffect 是异步执行的，而 useLayoutEffect 是同步执行的。

❑ useEffect 的执行时机是浏览器完成渲染之后，而 useLayoutEffect 的执行时机是浏览器将内容渲染到界面之前。

当 useEffect 中的操作需要处理 DOM，并且处理 DOM 的过程中会改变页面的样式时，就需要用 useLayoutEffect 了，否则可能会出现闪屏问题。useLayoutEffect 里的 callback 函数会在 DOM 更新完成后立即执行，并且会在浏览器进行任何绘制之前运行完成，否则就会阻塞浏览器的绘制。

一般情况下都使用 useEffect，因为 useEffect 是异步的，不会阻塞页面绘制，但是当涉及在渲染 / 更新的回调中操作 DOM 时，为避免出现页面抖动，会考虑使用 useLayoutEffect。

3.6.1　上手使用 useLayoutEffect

下面通过一个实例来讲解 useLayoutEffect 的使用方法。

（1）导入 useLayoutEffect 的方法如下。

```
import React, { useLayoutEffect } from "react"
```

（2）可以像使用 useEffect 一样使用 useLayoutEffect，具体方法如下。

```
import React, { useLayoutEffect } from "react"
```

```
function App() {

  useLayoutEffect(() => {

  }, []);

  return (
    <></>
  );
}
```

下面通过一个实例来讲解 useLayoutEffect 的基础使用方法。

首先编写一个子组件 ChildCom，在 ChildCom 中导入 useLayoutEffect 并在 useLayoutEffect 中设置一个空依赖；然后返回一个函数，在返回的函数中输出日志信息"卸载函数"；最后在父组件 App 中新增一个按钮，单击按钮可通过 show 变量控制是否显示子组件。

```
import ReactDOM from "react-dom";
import React, { useState,useLayoutEffect } from "react";

function ChildCom(){

  useLayoutEffect(() => {
    return ()=> {
      console.log(' 卸载函数 ')
    };
  }, []);

  return (
    <>
      <div> 子组件 </div>
    </>
  );
}


function App() {
  const [show,setShow]=useState(true);

  const onClick=()=>{
    setShow(false)
  }

  return (
    <div className="App">
      {
        show?<ChildCom></ChildCom>:<></>
      }
      <button onClick={onClick}> 隐藏 </button>
    </div>
  );
```

```
}

ReactDOM.render(
  <App />,
  document.getElementById('root')
);
```

运行上述代码，在随后出现的图 3-24 所示界面中单击"隐藏"按钮，控制台中输出了日志信息"卸载函数"。

3.6.2　useEffect 与 useLayoutEffect 的区别

在处理 DOM 的时候，如果 useEffect 里的操作需要处理 DOM 并且会改变页面的样式，会发生图 3-25 所示的工作流程。

图 3-24　输出日志信息"卸载函数"　　　　图 3-25　工作流程

使用 useLayoutEffect 的相关实现代码如下。

```
import React, { useState,useEffect } from "react"
function App() {
  const [num, setNum] = useState(0);

  useEffect(() => {
    if (num === 0) {
      const randomNum = 10 + Math.random()*200
      setNum(randomNum);
    }
  }, [num]);

  return (
    <>
      <div>{ num }</div>
      <button onClick={() => setNum(0)}>点击重新设置值</button>
    </>
```

```
  );
}

ReactDOM.render(
  <App />,
  document.getElementById('root')
);
```

运行上述代码，在得到的页面中单击"点击重新设置值"按钮，页面上会更新一串随机数，如图 3-26 所示。

图 3-26　单击按钮出现随机数

连续单击按钮，你会发现这串数字会出现闪烁。大家可以自行运行代码查看。原因在于，每次单击"点击重新设置值"按钮，num 会更新为 0，之后 useEffect 又把 num 改为一串随机数。也就是说，页面会先将 div 渲染成 0，然后再渲染成随机数，由于更新很快，所以出现了闪烁。

接下来将 useEffect 改为 useLayoutEffect。

```
import React, { useState,useLayoutEffect } from "react"
function App() {
  const [num, setNum] = useState(0);

  useLayoutEffect(() => {
    if (num === 0) {
      const randomNum = 10 + Math.random()*200

      setNum(randomNum);
    }
  }, [num]);

  return (
    <>
      <div>{ num }</div>
      <button onClick={() => setNum(0)}>点击重新设置值</button>
    </>
  );
}
```

```
ReactDOM.render(
  <App />,
  document.getElementById('root')
);
```

运行上述代码，在出现的图 3-27 所示界面中单击"点击重新设置值"按钮，并没有出现闪烁。不同于使用 useEffect，当你单击按钮时，num 更新为 0，但页面并不会渲染，而是等待 useLayoutEffect 内部状态修改后才会更新页面，所以页面不会闪烁。

图 3-27　单击按钮没有出现闪烁

3.7　useReducer

useReducer 可以同时更新多个状态，当状态更新逻辑较复杂时就可以考虑使用 useReducer 了。相比 useState，useReducer 可以更好地描述"如何更新状态"。比如，useReducer 能够读取相关的状态，同时更新多个状态。"组件负责发出行为，useReducer 负责更新状态"的解耦模式，会使代码逻辑更加清晰，代码行为更易预测，代码性能更高。

3.7.1　上手使用 useReducer

useReducer 的基础语法如下。

```
const [state,dispatch]=useReducer(reducer,initState,initAction)
```

其中，各个函数的说明如下。

❑ reducer 是一个函数，类似于 (state, action) => newState，它接受传入上一个状态和本次的行为（action），根据行为状态处理并更新状态。

❑ initState 是初始化的状态，也就是默认值。

❑ initAction 是 useReducer 初次执行时被处理的行为，这其实是一种惰性初始化，这么做可以将用于计算状态的逻辑提取到 reducer 外部，为将来重置状态的行为提供便利。

返回值 state 是状态值，dispatch 是更新 state 的方法，它接受 action 作为参数。useReducer 只需要调用 dispatch(action) 方法传入 action 即可更新 state。

下面通过实例来讲述 useReducer 的使用方法。

（1）从 React 中导入 useReducer。

```
import React, { useReducer } from "react";
```

（2）定义 reducer 函数。单独创建一个 hooks/reducer/counter.ts 文件（为了使代码看起来简单，没有做 ts 类型声明），编写 useReducer 实例对象的函数。

```
/**
 * @param {*} state 上一次保存的 state 数据
 * @param {*} action 触发的自定义 action
 * @returns
 */
export function fromReducer(state, action) {
  switch (action.type) {
    case "update":
      return { ...state, ...action.data };
    default:
      return state;
  }
}
```

（3）创建使用页面，声明 useReducer 实例并使用它。

```
import React, { useReducer } from "react";
import { fromReducer } from "./hooks/reducer/counter";

function App() {
  // 声明 useReducer 实例
  const [formData, dispatch] = useReducer(fromReducer, {
    userName: '',
    userAge: '',
  });

  // 触发更新函数
  const onUpdateName = () => {
    dispatch({
      type: "update",
      data: {
        userName: '鬼鬼',
        userAge: '18',
      }
    })
  }
  return (<div className="App">
    <div>名称：{formData.userName}</div>
    <div>年龄：{formData.userAge}</div>
```

```
        <button onClick={onUpdateName}>更新基本数据</button>
    </div>)
}
```

上述代码首先从 React 库中导入 useReducer 钩子，然后实例化 useReducer 对象。useReducer 钩子的第一个参数是一个函数 fromReducer，该函数用于更新 state，有两个参数：第一个参数是原始的 state 对象；第二个参数 action 为更新 state 存放的数据集，一般为一个对象，其中包含用于更新 state 的数据和一些额外的数据字段（按照规范，一般包含一个 type 字段，用于区分如何更新 state）。

useReducer 钩子返回一个数组 [formData, dispatch]，数组中 formData 为 state 集合，dispatch 为触发更新 state 的函数。

运行上述代码会显示一个用户信息初始界面（见图 3-28），页面中有一个"更新基本数据"按钮，我们给按钮设置点击事件。通过点击事件触发 dispatch，从而更新 state 中的数据（见图 3-29）。

图 3-28　用户信息初始界面

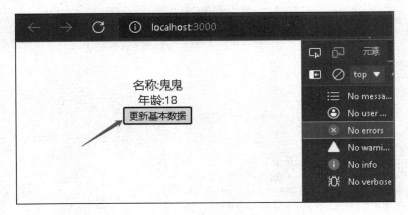

图 3-29　单击按钮后的更新界面

3.7.2　useState 与 useReducer 的实例对比

为了尽可能真实地模拟项目开发场景，我们通过一个实例来讲解 useReducer。

假设我们现在需要实现一个商品订单查询页面，页面中包含一个查询表单和一个显示数据的表格，并且通过表单数据关键词能够查询对应的商品订单数据。大致效果如图 3-30 所示。

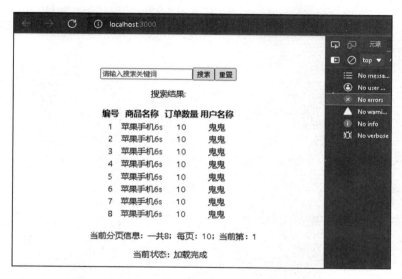

图 3-30　实例效果

看到需求图之后，我们首先来完成 UI 部分：上面一个搜索表单，下面一个结果表格。大致的实现代码如下。

```
import ReactDOM from "react-dom";
import React, { useState } from "react";
/** 模拟数据 */
const mockOrderList = [
  { title: '苹果手机 6s', num: 10, userName: "鬼鬼" },
  { title: '苹果手机 6s', num: 10, userName: "鬼鬼" },
  { title: '苹果手机 6s', num: 10, userName: "鬼鬼" },
  { title: '苹果手机 6s', num: 10, userName: "鬼鬼" },
  { title: '苹果手机 6s', num: 10, userName: "鬼鬼" },
  { title: '苹果手机 6s', num: 10, userName: "鬼鬼" },
  { title: '苹果手机 6s', num: 10, userName: "鬼鬼" },
  { title: '苹果手机 6s', num: 10, userName: "鬼鬼" },
]

function App() {
  const [tableList, setTableList] = useState<any>(mockOrderList);
  return (
```

```
    <div className="App">
      {/* 头部搜索表单 */}
      <p>
        <input placeholder=" 请输入搜索关键词 "/>
        <button> 搜索 </button>
        <button> 重置 </button>
      </p>


      {/* 搜索结果部分 */}
      <p> 搜索结果 :</p>
      <table>
        <thead>
          <tr>
            <th> 编号 </th>
            <th> 商品名称 </th>
            <th> 订单数量 </th>
            <th> 用户名称 </th>
          </tr>
        </thead>
        <tbody>
        {
          tableList.map((item: any, index: number) => {
            return <tr key={index}>
              <td>{index + 1}</td>
              <td>{item.title}</td>
              <td>{item.num}</td>
              <td>{item.userName}</td>
            </tr>
          })
        }
        </tbody>
      </table>


      {/* 表单分页部分 */}
      <p> 当前分页信息：一共 8；每页：10；当前第：1</p>
      <p> 当前状态：加载完成 </p>
    </div>
  )
}

ReactDOM.render(<App />,document.getElementById("root"));
```

上述代码完成了 UI 部分。在数据层面，我们使用自己模拟（mock）的数据，在实际开发中一般也是如此。当然，还有一些第三方的 mock 数据库，这会在后面讲解。运行上述代码会看到图 3-31 所示界面。

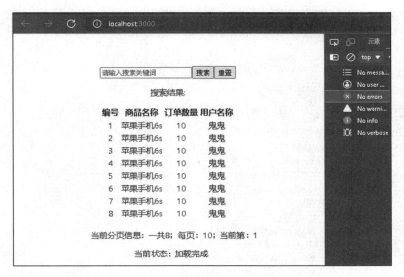

图 3-31　完成后的 UI 界面

UI 部分完成后，现在来编写对应的业务代码。我们先对元素绑定对应的事件，并设置对应的状态。实现的思路为：对查询表单绑定对应的状态，在单击查询按钮的时候，获取表单的状态，请求后端接口（此时我们使用 mock 的方式），在请求接口的时候，设置一个 state 用于 loading 状态。如果查询成功，设置 tableList 数据，并重置 loading 状态；如果失败，则清空 tableList 数据，并重置 loading 状态。

```
import ReactDOM from "react-dom";
import React, { useState,useEffect } from "react";
/** 模拟数据 */
const mockOrderList = new Array(10).fill({
  title:'苹果手机 6s',
  num:10,
  userName:"鬼鬼"
});

const defaultPage={
  count:0,
  pageSize:10,
  pageNum:1
}

function App() {
  // 订单数据
  const [tableList, setTableList] = useState<any>([]);
  // 搜索关键词
  const [queryKey, setQueryKey] = useState("");
  // 请求状态
  const [loading, setLoading] = useState(false);
```

```
// 分页数据对象
const [page, setPage] = useState({...defaultPage});

/**
 * 模拟查询订单接口
 * @param {*} data 请求接口参数
 * @returns
 */
const onQueryOrder=(data:any)=>{
  return new Promise((resolve,reject)=>{
    // 记住，使用完 setTimeout 后需要清除，以避免内存浪费
    const timeObj=setTimeout(() => {
      resolve({
        list:mockOrderList,
        page:{
          count:mockOrderList.length,
          pageNum:data.pageNum,
          pageSize:data.pageSize,
        }
      });
      clearTimeout(timeObj)
    }, 1000);
  })
}


// 查询数据
const onQuery=()=>{
  // 首先设置查询状态
  setLoading(true);
  // 请求获取数据的接口
  onQueryOrder({
    queryKey:queryKey,
    ...page
  }).then((res:any)=>{
    // 成功设置回显数据和修改查询状态
    setTableList(res.list);
    setPage(res.page);
    setLoading(false);
  }).catch(()=>{
    // 如果失败则清空数据和重置查询状态
    setTableList([]);
    setPage({...defaultPage});
    setLoading(false);
  })
}

// 重置表单
const onReset = () => {
  setQueryKey("");
  onQuery();
```

```
  }

  // 初始化的时候查询一次数据
  useEffect(() => {
    onQuery();
  }, []);

  return (
    <div className="App">
      {/* 头部搜索表单 */}
      <p>
        <input placeholder=" 请输入搜索关键词 " value={queryKey} onChange={(e) => {
          setQueryKey(e.target.value);
        }} />
        <button onClick={onQuery}> 搜索 </button>
        <button onClick={onReset}> 重置 </button>
      </p>

      {/* 头部搜索表单 */}
      <p> 搜索结果 :</p>
      <table>
        <thead>
          <tr>
            <th> 编号 </th>
            <th> 商品名称 </th>
            <th> 订单数量 </th>
            <th> 用户名称 </th>
          </tr>
        </thead>
        <tbody>
        {
          tableList.map((item: any, index: number) => {
            return <tr key={index}>
              <td>{index + 1}</td>
              <td>{item.title}</td>
              <td>{item.num}</td>
              <td>{item.userName}</td>
            </tr>
          })
        }
        </tbody>
      </table>

      {/* 表单分页部分 */}
      <p> 当前分页信息: 一共 {page.count}; 每页: {page.pageSize}; 当前第: {page.pageNum}</p>
      <p> 当前状态: {loading ? ' 加载中 ' : ' 加载完成 '}</p>
    </div>
  )
}

ReactDOM.render(<App />,document.getElementById("root"));
```

运行上述代码，会得到图 3-32 所示的界面。

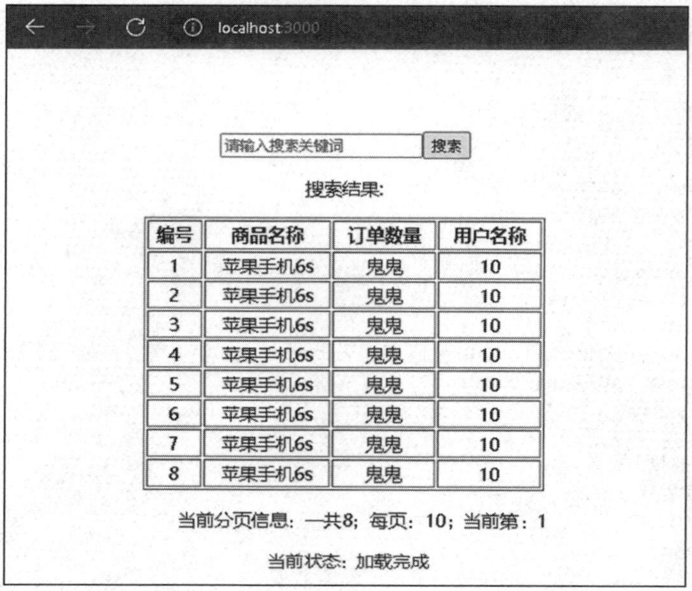

图 3-32　加入业务代码后的界面

大家有没有发现，在上述代码中的 onQuery 函数中，我们同时触发了好几个 state 的更新，并且使用了多个 useState 来定义 state？明明很简单的一个小功能，代码却不简单，这就需要使用 useReducer 来解决问题了。useReducer 能够解决同时处理多个 state、更新逻辑较复杂的问题。

（1）导入 useReducer。

```
import React, { useReducer } from "react";
```

（2）创建 useReducer 实例，合并多个 state。

```
import React, { useReducer } from "react";

// 在这里处理不同的 state
const orderReducer = (state: any, action: any) => {
  switch (action.type) {
    default:
      return state;
  }
}

const initState = {
  page: {
    count: 0,
    pageSize: 10,
```

```
      pageNum: 1
    },
    tableList: [],
    loading: false
}

function App() {
  // 这里仅用一次 useReducer 就代替了上述多个 useState 定义
  const [orderState, dispatch] = useReducer(orderReducer, initState);
  // 对象解构，方便独立使用
  const { page, tableList, loading } = orderState;
}
```

（3）修改 onQuery 函数的逻辑，根据不同的 type 状态触发 dispatch 以更新 state。

```
function App() {
  // 搜索关键词
  const [queryKey, setQueryKey] = useState<string>("");
  // 这里仅用一次 useReducer 就代替了上述多个 useState 定义
  const [orderState, dispatch] = useReducer(orderReducer, initState);
  // 对象解构，方便独立使用
  const { page, tableList, loading } = orderState;

  // 发起 HTTP 请求
  const onQuery = () => {
    // 发起查询请求的时候，设置查询 loading
    dispatch({ type: 'query' })
    // 发起查询请求
    onQueryOrder({ queryKey: queryKey, ...page }).then((res: any) => {
      // 查询成功，设置更新数据
      dispatch({
        type: 'success',
        tableList: res.list,
        page: res.page
      })
    }).catch(() => {
      // 如果失败，清空数据
      dispatch({ type: 'error' })
    })
  }
}
```

（4）编写 orderReducer 的具体逻辑，使用 switch 进行多状态判断。

```
const orderReducer = (state: any, action: any) => {
  switch (action.type) {
    // 如果是开始查询，设置查询 loading/ 清空 tableList
    case 'query':
      return {
        // 这里原来的 state 需要返回，因为每次更新都是新的 state 对象
```

```
        ...state,
        tableList: [],
        loading: true,
      }
    // 如果查询成功
    case 'success':
      return {
        tableList: action.tableList,
        page: action.page,
        loading: false,
      }
    // 如果查询失败
    case 'error':
      return {
        loading: false,
        tableList: [],
        page: {
          ...defaultPage
        }
      }
    // 如果是其他未定义类型，返回原来的 state
    default:
      return state;
  }
}
```

最终的 useReducer 版本代码如下。

```
import ReactDOM from "react-dom";
import React, { useState, useReducer, useEffect } from "react";
/** 模拟数据 */
const mockOrderList = new Array(10).fill({
  title:'苹果手机 6s',
  num:10,
  userName:"鬼鬼 "
});

const defaultPage = {
  count: 0,
  pageSize: 10,
  pageNum: 1
}

const initState = {
  page: defaultPage,
  tableList: [],
  loading: false
}

/**
```

```
   * 订单状态管理 useReducer
   * @param {*} state  订单 state 集合
   * @param {*} action 操作类型
   * @returns
   */
  const orderReducer = (state: any, action: any) => {
    switch (action.type) {
      case 'query':
        return {
          ...state,
          tableList: [],
          loading: true,
        }
      case 'success':
        return {
          tableList: action.tableList,
          page: action.page,
          loading: false,
        }
      case 'error':
        return {
          loading: false,
          tableList: [],
          page: {
            ...defaultPage
          }
        }
      default:
        return state;
    }
  }


  function App() {
    // 搜索关键词
    const [queryKey, setQueryKey] = useState<string>("");
    // 这里仅用一次 useReducer 就代替了上述多个 useState 定义
    const [orderState, dispatch] = useReducer(orderReducer, initState);
    // 对象解构, 方便独立使用
    const { page, tableList, loading } = orderState;
    /**
     * 发起 HTTP 请求
     */
    const onQuery = () => {
      dispatch({ type: 'query' })
      onQueryOrder({ queryKey: queryKey, ...page }).then((res: any) => {
        dispatch({
          type: 'success',
          tableList: res.list,
          page: res.page
```

```
      })
    }).catch(() => {
      dispatch({ type: 'error' })
    })
  }

  const onReset = () => {
    setQueryKey("");
    onQuery();
  }
  /**
   * 模拟查询订单接口
   * @param {*} data 请求接口参数
   * @returns
   */
  const onQueryOrder = (data: any) => {
    return new Promise((resolve, reject) => {
      const timeObj = setTimeout(() => {
        resolve({
          list: mockOrderList,
          page: {
            count: mockOrderList.length,
            pageNum: data.pageNum,
            pageSize: data.pageSize,
          }
        });
        clearTimeout(timeObj)
      }, 1000);
    })
  }

  useEffect(() => {
    onQuery();
  }, []);

  return (
    <div className="App">
      <p>
        <input placeholder=" 请输入搜索关键词 " value={queryKey} onChange={(e) => {
          setQueryKey(e.target.value);
        }} />
        <button onClick={onQuery}>搜索 </button>
        <button onClick={onReset}>重置 </button>
      </p>
      <p> 搜索结果 :</p>
      <table>
        <thead>
          <tr>
            <th> 编号 </th>
            <th> 商品名称 </th>
```

```
            <th> 订单数量 </th>
            <th> 用户名称 </th>
        </tr>
    </thead>
    <tbody>
        {
            tableList.map((item: any, index: number) => {
              return <tr key={index}>
                <td>{index + 1}</td>
                <td>{item.title}</td>
                <td>{item.num}</td>
                <td>{item.userName}</td>
              </tr>
            })
        }
    </tbody>
    </table>
    <p> 当前分页信息: 一共 {page.count}; 每页: {page.pageSize}; 当前第: {page.pageNum}</p>
    <p> 当前状态: {loading ? ' 加载中 ' : ' 加载完成 '}</p>
   </div>
  )
}

ReactDOM.render(<App />,document.getElementById("root"));
```

　　此时代码看起来是不是清晰很多了？所有 state 状态都是在 orderReducer 中维护的。运行上述代码，会得到图 3-33 所示的界面。

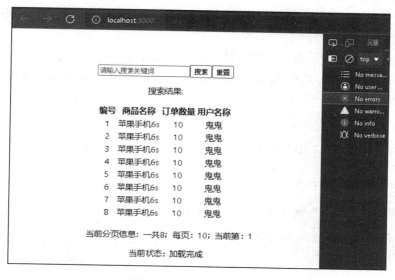

图 3-33　最终实现的界面

3.7.3 使用 useReducer 时的注意事项

对于 useReducer 的使用有如下事项需要提醒大家特别注意。

❑ useReducer 与 useState 的作用类似，都用于声明和管理状态。在某些场景下，例如状态逻辑较复杂且包含多个子值，或者下一个状态依赖于之前的状态时，useReducer 会比 useState 更适用。使用 useReducer 还能给那些会触发更新的组件做性能优化，因为可以向子组件传递 dispatch 而不是回调函数。

❑ 如果 state 的类型为 Number、String、Boolean，建议使用 useState；如果 state 的类型为 Object 或 Array，则建议使用 useReducer。

❑ 如果 state 变化非常多，则建议使用 useReducer，因为这样可以集中管理 state 变化且便于维护。

❑ 如果 state 关联变化，则建议使用 useReducer。

❑ 如果业务逻辑很复杂，则建议使用 useReducer。

❑ 如果 state 只想用在组件内部，则建议使用 useState；如果想维护全局 state，则建议使用 useReducer。

3.8 useMemo

React 由于虚拟 DOM 的关系，当父组件（函数）重新调用的时候，子组件就会被重新调用。这样就多出了无意义的性能开销，实际上状态没有变化的子组件，是不需要重新渲染的。

在 React 的 class 时代，我们一般通过 pureComponent 对数据进行一次浅比较，以判断是否需要重新渲染。React 引入 Hooks 特性后，我们可以使用 React.memo 来解决这个问题，达到提高性能优化的目的。

3.8.1 上手使用 React.memo

React.memo 的基础语法如下。

```
const TestCom = React.memo(functional);

const TestCom = React.memo(function () {
  return (<></>);
});
```

其中，React.memo() 是一个高阶组件，你可以使用它来包裹一个已有的函数部分。

下面通过一个真实的案例来深入学习 React.memo。如图 3-34 所示，我们有一个个人中心页面，页面头部为用户基本信息，页面底部为用户文章列表，可点击"获取文章"按钮获取最新的文章信息。

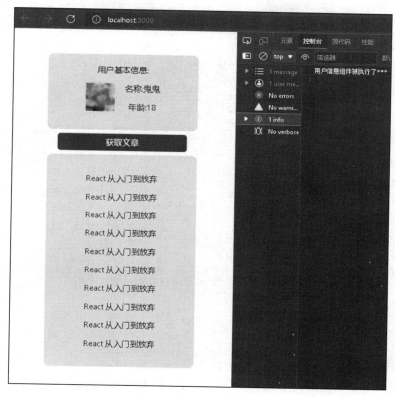

图 3-34 个人中心页面

这里要注意，头部的"用户基本信息"是一个独立组件，底部的"用户文章列表"也是一个独立组件。下面介绍大概的实现步骤。

（1）完成页面的基本布局。

```
import ReactDOM from "react-dom";
import React, { useState,useEffect } from "react";
function App() {
  // 存放用户信息
  const [user, setUser] = useState<any>({});
  // 存放文章信息
  const [articles, setArticles] = useState<any>([]);

  // 获取文章信息
  const onGetArticles = () => {
    setArticles([]);
  };
```

```
// 获取用户信息
const onGetUser=()=>{
  setUser({})
}

// 初始化的时候获取页面数据
useEffect(()=>{
  onGetUser();
  onGetArticles();
},[])


return (
  <div className="App">
    {/* 用户基本信息 */}
    <UserInfoCom user={user} />

    {/* 用户文章列表 */}
    <a onClick={onGetArticles}>获取文章</a>
    <div className="article-warp">
      {articles.map((info: any, index: any) => {
        return <p key={index}>{info.title}</p>;
      })}
    </div>
  </div>
);
}
```

头部为用户基本信息组件 UserInfoCom，底部为文章列表，通过 useEffect 在组件初始化的时候加载对应的数据。

（2）完成 UserInfoCom 组件。UserInfoCom 组件通过 props 接受用户信息数据，用户信息包括名称、年龄、头像等，然后在组件内部进行渲染，并输出一些日志信息。

```
const UserInfoCom = function (props: any) {
  // 在渲染的时候，在这里输出一些日志信息
  console.log("用户信息组件被执行了***");

  return (
    <div className="app-warp">
      <div>用户基本信息 :</div>
      <div className="flex">
        <img src={props.user.userPic} />
        <div>
          <p>名称 :{props.user.userName}</p>
          <p>年龄 :{props.user.userAge}</p>
        </div>
      </div>
```

```
      </div>
    );
};
```

（3）完成对应的业务功能。

```
import ReactDOM from "react-dom";
import React, { useState,useEffect } from "react";
function App() {
  // 存放用户信息
  const [user, setUser] = useState<any>({});

  // 存放文章信息
  const [articles, setArticles] = useState<any>([]);

  // 获取文章信息
  const onGetArticles = () => {
    // 模拟查询接口
    setArticles(
      new Array(10).fill({
        title: "React 从入门到放弃 ",
      })
    );
  };

  // 获取用户信息
  const onGetUser=()=>{
    // 模拟查询接口
    setUser({
      userId:"123456",
      userName: " 鬼鬼 ",
      userAge: "18",
      userPic:"http://touxiangkong.com/uploads/allimg/2021090322/ojdk4m0ohsb-1p.jpg"
    })
  }

  // 初始化的时候获取页面数据
  useEffect(()=>{
    onGetUser();
    onGetArticles();
  },[])

  return (
    <div className="App">
      {/* 用户基本信息 */}
      <UserInfoCom user={user} />

      {/* 用户文章列表 */}
      <a onClick={onGetArticles}>获取文章 </a>
      <div className="article-warp">
        {articles.map((info: any, index: any) => {
          return <p key={index}>{info.title}</p>;
```

```
        })}
      </div>
    </div>
  );
}

ReactDOM.render(<App />,document.getElementById("root"));
```

运行上述代码，在随后出现的页面中单击"获取文章"按钮，"用户基本信息"组件会输出日志信息"用户信息组件被执行了 ***"。

因为单击"获取文章"按钮会更新 articles，而 articles 更新会导致整个组件重新渲染，所以此时"用户基本信息"组件也被重新渲染了。

显然上述结果不是我们想要的，获取文章信息显然是不需要触发"用户基本信息"组件重新渲染的，因为在页面复杂的情况下，这会导致用户体验方面的问题。怎样才能实现更新文章信息，而又不重新渲染"用户基本信息"组件呢？这个时候就需要用到 React.memo 了。

下面介绍使用 React.memo 优化上述页面的方法。

（1）使用 React.memo 包裹一层原来的 UserInfoCom 组件。

```
import React from "react";
const UserInfoCom = React.memo(function (props: any) {
  // 在渲染的时候，在这里输出一些日志信息
  console.log("用户信息组件被执行了 ***");
  return (
    <div className="app-warp">
      <div>用户基本信息 :</div>
      <div className="flex">
        <img src={copyPic} />
        <div>
          <p>名称 :{props.user.userName}</p>
          <p>年龄 :{props.user.userAge}</p>
        </div>
      </div>
    </div>
  );
});
```

（2）下面实现单击"获取文章"按钮只更新文章但不进行重新渲染的效果。

```
import ReactDOM from "react-dom";
import React, { useState,useEffect } from "react";

function App() {
  const [user, setUser] = useState<any>({});

  // 存放文章信息
  const [articles, setArticles] = useState<any>([]);
```

```
// 获取文章信息
const onGetArticles = () => {
  setArticles(
    new Array(10).fill({
      title: "React 从入门到放弃",
    })
  );
};

// 获取用户信息
const onGetUser=()=>{
  setUser({
    userId:"123456",
    userName: " 鬼鬼 ",
    userAge: "18",
    userPic:"http://touxiangkong.com/uploads/allimg/2021090322/ojdk4m0ohsb-lp.jpg"
  })
}

// 初始化的时候获取页面数据
useEffect(()=>{
  onGetUser();
  onGetArticles();
},[])


return (
  <div className="App">
    {/* 用户基本信息 */}
    <UserInfoCom user={user} />

    {/* 用户文章列表 */}
    <a onClick={onGetArticles}>获取文章</a>
    <div className="article-warp">
      {articles.map((info: any, index: any) => {
        return <p key={index}>{info.title}</p>;
      })}
    </div>
  </div>
);
}
ReactDOM.render(<App />,document.getElementById("root"));
```

现在单击"获取文章"按钮，触发 onGetArticles 函数，虽然更新了 articles，但是没有更新 UserInfoCom 组件的依赖 state。由于 UserInfoCom 组件使用 React.memo 缓存了组件，所以不会触发 UserInfoCom 的重新渲染，所以 console.log（"用户信息组件被执行了 ***"）日志并没有输出。最终效果如图 3-35 所示。之所以 React.memo 能够解决这个问题，是因为它能够根据 props 是否改变来决定是否重新渲染当前组件。

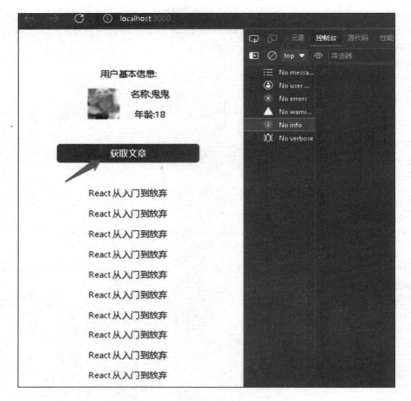

图 3-35   更新文章不重新渲染

3.8.2   上手使用 useMemo

在传递创建函数和依赖项时，创建函数需要返回一个值，如果此时依赖项发生改变，就需要调用 useMemo 函数了，该函数会返回一个新值。useMemo 能够对 state 的值进行缓存。

1. 基本使用方法

useMemo 的基础语法如下。

```
const memoizedValue = useMemo(callback,array)

const memoizedValue = useMemo(() => {
  return () => {

  };
}, [value])// 表示监控 value 变化
```

上述代码会返回一个 memoized 回调函数。下面对上述代码中所涉参数进行说明。

❑ callback：这是一个函数，用于处理逻辑，包含 return 函数。
❑ array：array 会导致重新执行的数组依赖，array 内 state 改变时才会重新执行
callback。使用 array 需要注意以下几点。
- 不传数组，每次更新都会重新计算。
- 空数组，只会计算一次。
- 依赖对应的值，对应的值发生变化重新执行 callback。

学习完 useMemo 的基础概念和使用目的之后，接下来通过真实的案例来深入学习
useMemo 的使用方法。

2. 使用案例一

这里沿用 3.8.1 节讲的案例，现在假设我们有这样一个组件页面，头部是一个用户信息
展示组件，底部是用户文章列表，单击按钮可以刷新文章列表。

```
import ReactDOM from "react-dom";
import React, { useState,useMemo } from "react";
function App() {
  const [user, setUser] = useState<any>({
    userId:"123456",
    userName: "鬼鬼",
    userSex: 1,//1: 男；2: 女
    userAge: "18",
    userPic:"http://touxiangkong.com/uploads/allimg/2021090322/ojdk4m0ohsb-lp.jpg"
  });

  // 存放文章信息
  const [articles, setArticles] = useState<any>([]);

  const filterSex=()=>{
    console.log(' 计算性别数据 ')
    return user.userSex===1?' 男 ':' 女 '
  }

  // 获取文章信息
  const onGetArticles = () => {
    console.log(' 查询文章 ')
    setArticles(
      new Array(10).fill({
        title: "React 从入门到放弃 ",
      })
    );
  };

  return (
    <div className="app-warp">
      <div>用户基本信息 :</div>
```

```
        <div className="flex">
          <img src={user.userPic} />
          <div>
            <p> 名称 :{user.userName}</p>
            <p> 年龄 :{user.userAge}</p>
            <p> 性别 :{filterSex()}</p>
          </div>
        </div>

        {/* 用户文章列表 */}
        <a onClick={onGetArticles}>获取文章 </a>
        <div className="article-warp">
          {articles.map((info: any, index: any) => {
            return <p key={index}>{info.title}</p>;
          })}
        </div>
      </div>
  );
}
```

运行上述代码，会看到图 3-36 所示的界面。

图 3-36　优化前的界面

在上述情况下，每当我们单击"获取文章"按钮，整个组件页面都会被重新渲染。我们发现用户性别字段是一个三元表达式，其实在真实的项目开发中，类似的数据计算有很多，每次组件重复渲染都会导致数据重复计算，这会造成大量的资源浪费。我们一般采用 useMemo 进行状态变量数据缓存，以达到性能优化的目的，具体实现如下。

```
function App(){
  const [user, setUser] = useState<any>({
    userId:"123456",
    userName: " 鬼鬼 ",
    userSex: 1,//1: 男；2: 女
    userAge: "18",
    userPic:"http://touxiangkong.com/uploads/allimg/2021090322/ojdk4m0ohsb-lp.jpg"
  });

  // 过滤性别（只有 user 被改变的时候，才会重新触发计算）
  const filterSex=useMemo(()=>{
    console.log(' 计算性别数据 ')
    return user.userSex==1?' 男 ':' 女 '
  },[user])

  return (
    <div className="app-warp">
      <div> 用户基本信息 :</div>
        <div className="flex">
          <img src={user.userPic} />
          <div>
            <p> 名称 :{user.userName}</p>
            <p> 年龄 :{user.userAge}</p>
            <p> 性别 :{filterSex}</p>
          </div>
        </div>

        {/* 用户文章列表 */}
        <a onClick={onGetArticles}> 获取文章 </a>
        <div className="article-warp">
          {articles.map((info: any, index: any) => {
            return <p key={index}>{info.title}</p>;
          })}
        </div>
    </div>
  );
}
```

定义一个 filterSex 变量来接收 useMemo 返回的缓存变量即可解决重复计算的问题。只有当 user 触发更新的时候，才会重新触发 filterSex 内部的计算，这样就到达缓存性能优化的目的了。优化后的界面如图 3-37 所示。

图 3-37　优化后的界面

3. 使用案例二

沿用上面的例子，新增一个需求：头像能够点击，且在单击之后弹出一个框并在框内展示；外部新增一个"刷新用户基本信息"按钮，单击该按钮后会获取最新的用户数据。

为了遵循 React 的组件化开发思想，我们把头像部分单独抽离出来作为一个组件，以满足后续更多个性化的业务需要。具体实现步骤如下。

（1）提取头像组件，并且使用 React.memo 缓存组件。

```
import React, { useState } from "react";
const UserPicCom = React.w(function (props: any) {
  console.log("头像组件被渲染了 ***");

  return (
    <>
      <img src={props.user.userPic} />
      {/* 头像组件其他业务，假设存在，使用 user 其他字段 */}
    </>
  );
```

```
  });

const UserInfoCom = React.memo(function (props: any) {
  console.log("用户信息组件被执行了***");
  return (
    <div className="app-warp">
      <div>用户基本信息:</div>
      <div className="flex">
        <UserPicCom user={props.user} />
        <div>
          <p>名称:{props.user.userName}</p>
          <p>年龄:{props.user.userAge}</p>
        </div>
      </div>
    </div>
  );
});
```

（2）在父组件中新增"刷新用户基本信息"按钮。

```
import ReactDOM from "react-dom";
import React, { useState,useEffect } from "react";
function App() {
  // 存放用户信息
  const [user, setUser] = useState<any>({});

  // 存放文章信息
  const [articles, setArticles] = useState<any>([]);

  // 单击按钮获取文章信息
  const onGetArticles = () => {
    setArticles(
      new Array(10).fill({
        title: "React 从入门到放弃",
      })
    );
  };

  const onGetUser=()=>{
    // 模拟名称被改变了
    const num=parseInt(String(Math.random()*10));
    setUser({
      userId:"123456",
      userName: `鬼鬼 ${num}`,
      userAge: "18",
      userPic:`http://touxiangkong.com/uploads/allimg/2021090322/ojdk4m0ohsb-1p.jpg`,
    })
  }

  // 初始化的时候获取页面数据
  useEffect(()=>{
    onGetUser();
```

```
    onGetArticles();
  },[])


  return (
    <div className="App">
      {/* 用户基本信息 */}
      <UserInfoCom user={user} />
      <a onClick={onGetUser}>刷新用户基本信息</a>

      {/* 用户文章列表 */}
      <a onClick={onGetArticles}>获取文章</a>
      <div className="article-warp">
        {articles.map((info: any, index: any) => {
          return <p key={index}>{info.title}</p>;
        })}
      </div>
    </div>
  );
}
```

运行上述代码，会看到图 3-38 所示界面。

图 3-38 新增"刷新用户基本信息"按钮

单击"刷新用户基本信息"按钮，控制台输出如下。

```
用户信息组件被执行了 ***
头像组件被渲染了 ***
```

（3）每次单击按钮时，只要 user 中有数据变更，都会导致 UserInfoCom、UserPicCom 组件重新渲染，但是 UserPicCom 组件只在 userPic 属性被更改时才需要重新渲染。为了解决这个问题，就需要使用 useMemo 了。useMemo 可以缓存 state 值来避免函数的依赖项在没有改变的情况下重新渲染。具体的优化实现如下。

```
import React, { useState } from "react";
const UserPicCom = React.w(function (props: any) {
  console.log("头像组件被渲染了 ***");
  return (
    <>
      <img src={props.user.userPic} />
      {/* 头像组件其他业务，假设存在，使用 user 其他字段 */}
    </>
  );
});

const UserInfoCom = React.memo(function (props: any) {
  // 渲染的时候，在这里输出一些日志信息
  console.log("用户信息组件被执行了 ***");
  const copyUser = useMemo(() => {
    return props.user;
  }, [props.user.userPic]);

  return (
    <div className="app-warp">
      <div>用户基本信息 :</div>
      <div className="flex">
        <UserPicCom user={copyUser} />
        <div>
          <p>名称 :{props.user.userName}</p>
          <p>年龄 :{props.user.userAge}</p>
        </div>
      </div>
    </div>
  );
});
```

我们利用 useMemo，根据 userPic 是否有变化来决定是否对 UserPicCom 组件进行缓存，从而避免不必要的渲染，实现优化性能的目标。

4. 使用 useMemo 的注意事项

在实际工作中使用 useMemo 时，需要注意以下两点。

❑ useMemo 应该用于缓存函数组件中计算资源消耗较大的场景，因为 useMemo 本身

就占用一定的缓存，在非必要的场景下使用反而不利于性能的优化。

❑ 在处理量很小的情况下使用 useMemo，可能会有额外的使用开销。

3.8.3　React.memo 与 useMemo 的最佳使用场景

React 中有一个全局 context —— AppContext。AppContext 中放置了大量 state，还有一个 Tree，这有一个 Tree 会渲染一个很耗性能的大组件 MensTree，而每个 state 的更新都会引起 Tree 的更新，从而引发 MensTree 的重新渲染。我们往往只需要根据当前用户的权限对应更新 Tree。在这样的场景下，非常适合使用 React.memo 和 useMemo 来做性能优化。这也是实际工作中使用 React.memo 和 useMemo 的最佳场景。具体的实现如下。

```
const MensTree=React.memo(function(props: any){
  // 非常多层级的菜单 DOM
  return <></>
})


function Tree() {
  let appContextValue = useContext(AppContext);
  let userinfo = appContextValue.userinfo;
  return <MensTree userinfo={userinfo} />;
}
```

3.9　useCallback

前面我们学习了 useMemo，useMemo 能够达到缓存某个变量值的效果，其实 useCallback 与 useMemo 比较类似，只不过它返回的是缓存的函数。在 Hooks 组件中，state 改变后会引起父组件的重新渲染，而每次重新渲染都会生成一个新函数，而 React 子组件的 props 在浅比较的时候就会认为 props 改变了，从而引起子组件也重新渲染。这个时候就要用到 useCallback 了。useCallback 可以保证，无论渲染多少次，函数都是同一个函数，这样可以减小不断创建新函数带来的性能和内存开销问题。

3.9.1　上手使用 useCallback

useCallback 的基础语法如下。

```
const memoCallback= useCallback(callback,array)
```

上述代码返回一个 memoized 回调函数。下面对其中涉及的参数进行说明。

❑ callback：一个函数，用于处理逻辑。

❑ array：控制 useCallback 重新执行的数组，array 内 state 改变时才会重新执行 useCallback。如果 array 不传数组，每次更新都会重新计算；如果 array 为空数组，只会在组件第一次初始化渲染的时候计算一次。依赖对应的值，对应的值发生变化就会重新计算。

下面将深入介绍 useCallback 的使用方法，在此之前我们需要明确一点：只要是组件内部状态的改变，都会触发 React Hooks 组件的重新渲染。既然是重新渲染，那么组件内部之前定义的函数或变量都会被重新定义（在未进行特殊处理的情况下）。

现在我们来添加一个组件，组件内部有一个输入框，然后在外部定义一个 Set 对象，把函数添加到 Set 对象中，输入框触发事件调用 onNameChange 函数，函数内部更新状态。代码大致如下。

```
const funSet = new Set();

function App() {
  const [userName, setUserName] = useState("");

  const onNameChange = (evnt: any) => {
    setUserName(evnt.target.value);
  };

  funSet.add(onNameChange);

  console.log("函数数量 ...", funSet.size);

  return (
    <div className="app-warp">
      <div>
        <label>用户名称</label>
        <input
          placeholder="请输入关键词"
          value={userName}
          onChange={onNameChange}/>
      </div>
    </div>
  );
}
```

我们发现每次在输入框内输入内容，"函数数量 ..."这条日志信息都会被执行一次（见图 3-39），并且 funSet 对象的长度在递增，这足以证明组件内部状态的变更会触发组件的重新渲染，并且所有的函数或变量都会被重新定义。如果组件增多，并且组件内部业务复杂，那么这显然会出现性能问题。

图 3-39 "函数数量 ..."日志信息重复执行

现在对上面的代码稍作调整，调整后的代码大致如下。

```
const funSet = new Set();
function App() {
  const [userName, setUserName] = useState("");

  const onNameChange = useCallback((evnt: any) => {
    setUserName(evnt.target.value);
  },[]);

  funSet.add(onNameChange);

  console.log(" 函数数量 ...", funSet.size);

  return (
    <div className="app-warp">
      <div>
        <label>用户名称</label>
        <input
          placeholder=" 请输入关键词 "
          value={userName}
          onChange={onNameChange}/>
      </div>
    </div>
  );
}
```

使用 useCallback 后我们发现，Set 的数量一直停留在 2（见图 3-40），由此可知，useCallback 能够起到缓存函数的作用，从而避免组件渲染导致函数的重新创建。那么为什么一直是 2 呢？

第一次执行是在组件初始化的时候，第二次执行是在 useCallback 依赖项为 [ ]，即空依赖项时，state 的改变导致 useCallback 默认执行了一次。所以这里进行了 2 次声明，也就是说 funSet 的长度为 2。

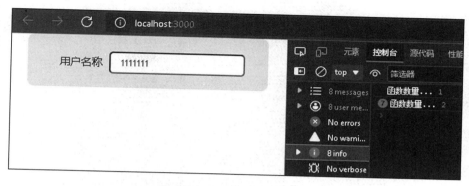

图 3-40　Set 的数量一直是 2

　　现在我们来看一个实际的开发场景。一个页面表单有多个输入条件，根据对应条件查询对应的数据，页面布局为：头部为表单输入框，底部为 table 数据展示部分。大致的实现方法如下。

　　（1）定义一个输入框组件，触发输入框的 onChange 事件调用父组件传递的 onChange 函数。

```
const InputCom = function (props: any) {
  console.log("子组件被渲染了...", new Date().getTime());
  return (
    <input
      placeholder="请输入关键词"
      onChange={props.onChange}/>
  );
};
```

运行上述代码会输出一条渲染日志信息。

　　（2）完成页面布局，根据子组件 InputCom 的输入内容查询过滤 table 数据。

```
// 模拟数据
const userList = [
  {userName: "张三", userSex: "男"},
  {userName: "李四", userSex: "男"},
  {userName: "王五", userSex: "男"},
  {userName: "赵六", userSex: "男"},
  {userName: "田七", userSex: "男"}
];

import React, { useEffect, useState } from "react";
// 父组件
function App() {
  const [userName, setUserName] = useState("");
  const [users, setUsers] = useState([]);

  const onNameChange = (evnt: any) => {
```

```
    setUserName(evnt.target.value);
};

const onQuery = () => {
  const filterList: any = userList.filter((info: any) => {
    return info.userName.indexOf(userName) != -1;
  });
  setUsers(filterList);
};

useEffect(() => {
  onQuery();
}, [userName]);

return (
  <div className="app-warp">
    <div>
      <label>用户名称</label>
      <InputCom onChange={onNameChange} />
    </div>

    <p>搜索结果:</p>
    <table>
      <thead>
        <tr>
          <th>用户编号</th>
          <th>用户名称</th>
          <th>用户性别</th>
        </tr>
      </thead>
      <tbody>
        {users.map((item: any, index: number) => {
          return (
            <tr key={index}>
              <td>{index + 1}</td>
              <td>{item.userName}</td>
              <td>{item.userSex}</td>
            </tr>
          );
        })}
      </tbody>
    </table>
  </div>
);
}
```

运行上述代码，会看到图 3-41 所示的界面。

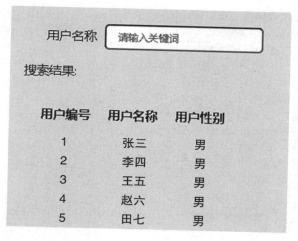

图 3-41　查询过滤 table 数据

（3）输入内容查询对应数据。我们发现，当我们输入内容调用 onNameChange 函数更新 state 的时候，子组件 InputCom 被调用，输出日志信息（见图 3-42）。这是因为子组件 InputCom 依赖当前组件中的 onNameChange 函数，而当前组件每次都会重新创建 onNameChange 函数，子组件 InputCom 有依赖更新，当然就会被重新渲染。

图 3-42　子组件 InputCom 被调用

对于上述情况，我们该如何优化呢？

（4）优化效果。既然子组件 InputCom 是因为 onNameChange 函数被重新创建导致依赖更新而被重新渲染的，那么我们就可以使用 useCallback 缓存这个函数。

当然子组件需要使用 memo 包裹，因为只有使用 memo 包裹才会启用依赖没有改变的情况下不重新渲染组件的能力，具体代码如下。

```
const InputCom = memo(function (props: any) {
  console.log("子组件被渲染了...", new Date().getTime());
  return (
    <input
```

```
        placeholder=" 请输入关键词 "
        value={props.val}
        onChange={props.onChange}/>
  );
});
// 模拟数据
const userList = [
  {userName: " 张三 ", userSex: " 男 "},
  {userName: " 李四 ", userSex: " 男 "},
  {userName: " 王五 ", userSex: " 男 "},
  {userName: " 赵六 ", userSex: " 男 "},
  {userName: " 田七 ", userSex: " 男 "}
];

import React, { useEffect, useState, useCallback } from "react";
// 父组件
function App() {
  const [userName, setUserName] = useState("");
  const [users, setUsers] = useState([]);

  const onNameChange = useCallback((evnt: any) => {
    setUserName(evnt.target.value);
  },[]);

  const onQuery = () => {
    const filterList: any = userList.filter((info: any) => {
      return info.userName.indexOf(userName) != -1;
    });
    setUsers(filterList);
  };

  useEffect(() => {
    onQuery();
  }, [userName]);

  return (
    <div className="app-warp">
      <div>
        <label>用户名称</label>
        <InputCom onChange={onNameChange} />
      </div>

      <p>搜索结果 :</p>
      <table>
        <thead>
          <tr>
            <th>用户编号</th>
            <th>用户名称</th>
            <th>用户性别</th>
          </tr>
```

```
        </thead>
        <tbody>
          {users.map((item: any, index: number) => {
            return (
              <tr key={index}>
                <td>{index + 1}</td>
                <td>{item.userName}</td>
                <td>{item.userSex}</td>
              </tr>
            );
          })}
        </tbody>
      </table>
    </div>
  );
}
```

使用 useCallback 后，结果发生了变化，改变输入框内的值的时候，并没有输出子组件的日志信息（见图 3-43），因为子组件并没有重新触发渲染。这就是 useCallback 的用途了，它可以使子组件达到缓存的效果。

图 3-43　没有输出子组件的日志信息

3.9.2　使用 useCallback 时的注意事项

在实际工作中使用 useCallback，有两点需要大家特别注意。

注意事项一：要正确认识 useCallback 与 useMemo 的差异。

上面讲到，useCallback 与 useMemo 有很多相似之处，为了在实际工作中灵活使用它们，我们有必要对它们进行比较。

首先我们看看 useCallback 与 useMemo 在语法方面有什么不同。

useCallback 的使用语法如下：

```
const onFun = useCallback((e)=>{
  setStateKey(e.target.value)
},[])
```

useMemo 的使用语法如下：

```
const data = useMemo(()=>{
  return {
    stateKey
  }
},[stateKey])
```

两者在语法方面的相同点如下。

❑ useCallback 和 useMemo 的参数相同，第一个参数是函数，第二个参数是依赖项的数组。

❑ useMemo、useCallback 都是使用的参数（函数），且都不会因为其他不相关的参数变化而重新渲染。

❑ 与 useMemo 中的 useEffect 类似，[ ] 内可以放入改变数值就重新渲染参数（函数）的对象。如果 [ ] 为空就只渲染一次，之后都不会渲染。

两者的主要区别：React.useMemo 会调用 fn 函数并返回其结果，而 React.useCallback 仅返回 fn 函数而不调用它。

注意事项二：useCallback 需要配合 React.memo 使用。

这是因为 React.memo 这个方法会对 props 做一个浅层比较，如果 props 没有发生改变，则不会重新渲染此组件。

3.10 useContext

Context 是一种对其所包含组件树提供全局共享数据的技术，而 useContext 是在 React Hooks 中对 Context 进行的封装，它可以帮助我们跨越组件层级直接传递数据，实现数据共享，让使用变得更简单。

useContext 的基础语法如下。

```
const MyContext = React.createContext(initialValue);

const myContext = useContext(MyContext);
```

上述代码中的 initialValue 参数是 context 初始值，useContext 的返回值有如下两种。

❑ MyContext.Provider：提供者，是 React 组件，使用 Provider 标签包裹后的组件，自身及其后代组件都可以访问 MyContext 的值。

❑ MyContext.Consumer：消费者，是 React 组件，使用 Consumer 包裹后，可以使用 render props 的方式渲染内容，获取 MyContext 的值。

　　对于 <MyContext.Provider value={ [keyName]:'keyValue'}/>，要注意此处属性名称必须为 value，并且值为一个键值对对象，如：

```
{ userName:'鬼鬼',userAge:18 }
```

　　假设现在页面上有一个"删除账号"的操作按钮，这个操作按钮需要管理员 admin 的权限才能够操作。如果用户没有权限，则需要在其操作的时候给出提示。我们先来模拟这样的层级关系，如图 3-44 所示。

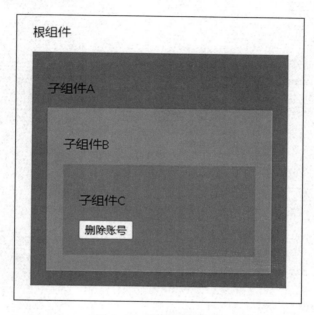

图 3-44　案例层级关系

　　如图 3-44 所示，有一个根组件，其中内嵌了一个子组件 A，子组件 A 内嵌子组件 B，子组件 B 内嵌子组件 C，C 中有一个"删除账号"按钮，需要对这个按钮的操作进行权限控制。

　　大致的代码如下：

```
import React, { useState } from "react";

const A=()=> {
  return (
    <div className="A">
      <p> 子组件 A</p>
      <B></B>
    </div>
  );
}
```

```
const B=()=> {
  return (
    <div className="B">
      <p>子组件 B</p>
      <C></C>
    </div>
  );
}

const C=()=> {
  const onRemove=()=>{
    // 具体的删除逻辑
  }
  return (
    <div className="C">
      <p>子组件 C</p>
      <button onClick={ onRemove }>删除账号</button>
    </div>
  );
}

// 父组件
function App() {
  const [userRole,setUserRole] = useState(['user']);
  return (
    <div className="app-warp">
      <p>根组件</p>
      <div>
        <A></A>
      </div>
    </div>
  );
}
```

类似于上面这样的需求，通过参数传递的方式来实现显然不合适，因为组件层级太深，参数一层层传递会带来极大的维护成本。useContext 可以帮助我们跨越组件层级直接传递数据，具体使用步骤如下。

（1）通过一个 React.createContext 创建一个数据传递对象 AppContext。

（2）在父组件中使用 <AppContext.Provider> 向下传递状态。

（3）在子组件中使用 useContext 获取到创建的 context。

大致的实现代码如下。

```
import ReactDOM from "react-dom";
import React, { useContext,useState } from "react";
// 创建一个数据传递对象 AppContext
const AppContext = React.createContext({} as any);
const A=()=> {
  return (
```

```
      <div className="A">
        <p> 子组件 A</p>
        <B></B>
      </div>
    );
}


const B=()=> {
  return (
    <div className="B">
      <p> 子组件 B</p>
      <C></C>
    </div>
  );
}
```

在需要使用全局数据的组件中使用 useContext 获取到创建的 context，然后就可以使用其中设置的共享数据了。

```
const C=()=> {
  const appContext = useContext(AppContext);

  const onRemove=()=>{
    console.log(" 当前账号权限 :",appContext.roles);
    if(!appContext.roles.includes('admin')){
      console.log(' 暂无权限 ')
    }
  }

  return (
    <div className="C">
      <p> 子组件 C</p>
      <button onClick={ onRemove }>
        删除账号
      </button>
    </div>
  );
}
```

在父组件中使用 <AppContext.Provider> 包裹子组件，使用 value 属性设置向下传递共享状态数据。

```
// 父组件
function App() {
  const [userRole,setUserRole] = useState(['user']);
  return (
    <div className="app-warp">
      <p> 根组件 </p>
      <AppContext.Provider value = {{ roles:userRole }}>
        <A></A>
```

```
      </AppContext.Provider>
    </div>
  );
}
```

此时我们单击子组件 C 中的"删除账号"按钮，数据正常获取，控制台输出了对应的权限，并且输出了操作结构，如图 3-45 所示。

图 3-45 单击"删除账号"按钮的结果

React 支持并行使用多个 useContext，示例代码如下。

```
import React, { useContext,useState } from "react";
const AppContext = React.createContext({} as any);
const ThemeContext = React.createContext({} as any);

const A=()=> {
  return (
    <div className="A">
      <p> 子组件 A</p>
      <B></B>
    </div>
  );
}


const B=()=> {
  return (
    <div className="B">
      <p> 子组件 B</p>
      <C></C>
    </div>
  );
}
```

```
const C=()=> {
  const appContext = useContext(AppContext);
  const themeContext = useContext(ThemeContext);
  const onRemove=()=>{
  console.log(" 当前账号权限 :",appContext.roles);
  if(!appContext.roles.includes('admin')){
      console.log(' 暂无权限 ')
    }
  }
  return (
    <div className="C">
      <p> 子组件 C</p>
      <p> 主题 :{themeContext.color}</p>
      <button onClick={ onRemove }>
        删除账号
      </button>
    </div>
  );
}

function App() {
  const [userRole,setUserRole] = useState(['user']);
  const [theme,setTheme] = useState('red');

  return (
    <AppContext.Provider value={{ roles:userRole }}>
      <ThemeContext.Provider value = {{ color:theme }}>
        <A></A>
      </ThemeContext.Provider>
    </AppContext.Provider>
  );
}
```

3.11　自定义 Hooks

自定义 Hooks 最重要的作用是逻辑复用，并非数据的复用，也不是 UI 的复用（需要复用 UI 可以封装组件实现）。一切皆函数，自定义 Hooks 其实也是一个普通函数，只不过在自定义 Hooks 内部，可以使用任何内置的 Hooks，并且可以返回任意数据，甚至是 JSX。相当于把组件的一部分抽离出来，进行复用。

3.11.1　上手自定义 Hooks

本节我们来完成一个实际的需求——自定义本地存储 Hooks（useLocalStorage）。按照规范，自定义 Hooks 函数的名称必须以"use"开头。相关的基础语法如下。

```
function useDomTitle1() {}
function useDomTitle1(title) {}
function useDomTitle1(title) {return []}
function useDomTitle1(title) {return [fun1,fun2]}
import ReactDOM from "react-dom";
import React, { useState,useEffect } from "react";

function useDomTitle1(title) {
  useEffect(() => {
    document.title = title
  }, [])
  return ;
}

function useDomTitle2() {
  const setTitle=(title)=>{
    document.title = title
  }
  return [setTitle];
}

function useDomTitle3(defaultTitle) {
  const [title, sTitle] = useState(defaultTitle);
  useEffect(() => {
    document.title = title
  }, [])
  return [title,sTitle];
}
```

自定义本地存储 Hooks 的方法如下。

（1）导入基本 Hooks。

```
import ReactDOM from "react-dom";
import React, { useState,useEffect } from "react";
```

（2）因为 localStorage 最终存储的是字符串，所以需要先编写两个工具函数，具体如下。

```
const ToString=()=>{
  return typeof value === 'object' ? JSON.stringify(value) : `${value}`
}

const ToJson=()=>{
  try {
    return JSON.parse(value);
  } catch {
    return value;
  }
}
```

（3）编写 Hooks，注意保持命名规范。在自定义 Hooks 函数时使用 useState 设置响应式对象，返回处理后的响应式对象 state，返回设置响应式对象的 writeState 函数供外部设置缓存。具体实现如下。

```
/**
* @param {*} key          存储键
* @param {*} defaultValue 存储值
* @returns
*/
function useLocalStorage(key, defaultValue) {
  const getDefault=(key)=>{
    return localStorage.getItem(key) === null? defaultValue:
        tryParse(localStorage.getItem(key))
  }

  const [state, setState] = useState(getDefault(key));

  const writeState=(value)=> {
    localStorage.setItem(key,ToString(value));
    setState(value);
  }

  useEffect(() => {
    writeState(defaultValue || getDefault(key));
  }, [key]);

  return [state, writeState];
}
```

（4）使用本地存储 Hooks 完成主题的存储，具体实现如下。

```
import React, { useState } from "react";
import ReactDOM from "react-dom";
import useLocalStorage from "./hooks/useLocalStorage";
export default function App() {
  const [state,writeState]=useLocalStorage('app-theme','');

  const [theme,setTheme]=useState(state);

  // 选择主题
  const onChangeTheme=(event)=>{
    setTheme(event.currentTarget.value);
  }

  // 删除主题
  const onRemoveTheme=()=>{
    setTheme(null);
  }

  // 保存主题
```

```
  const onSaveTheme=()=>{
    writeState(theme);
  }

  return (
    <>
      <p> 主题 :{ theme }</p>
      <p>
      选择主题 :<select onChange={ onChangeTheme }>
                  <option value="black"> 黑色 </option>
                  <option value="white"> 白色 </option>
              </select>
      </p>
      <button onClick={ onSaveTheme }> 保存主题 </button>
      <button onClick={ onRemoveTheme }> 删除主题 </button>
    </>
  )
}

ReactDOM.render(<App />,document.getElementById("root"));
```

运行上述代码，会看到图 3-46 所示的界面。

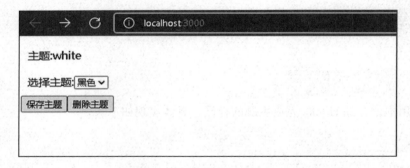

图 3-46　自定义本地存储 Hooks

这样，一个简单的自定义本地存储 Hooks 就完成了。

3.11.2　编写自定义 Hooks 的注意事项

在编写自定义 Hooks 时，很容易得到过于复杂的解决方案。这有时会导致不稳定的行为，造成无用的重新渲染，或者使代码变得更难维护。为了写出高质量的自定义 Hooks，需要注意以下几点。

1. 减少 useState 的数量

笔者喜欢将 state 作为对象读取，而不是使用多个简单值的 useState 命令。

使用较少的 useState 命令可以使 Hooks 的返回更容易，并使其在组件中的实现更简单。

使用 Hooks 进行开发时，很容易使用过多的 useState，或者将所有状态简化为一个过于复杂的 useState。提高 Hooks 易读性的最好方法之一是为 useState 的调用设置优先级。建议在编写 Hooks 时遵循一些关于状态实现的规则。

2. 优先考虑可读性

笔者写代码的第一条原则是可读性优先。遵循这条规则将使你的代码更易于维护，迫使你思考如何使自己正在编写的代码变得更优雅，并使自己的代码更易于被其他人接受。

3. 合理拆分 State 对象中的内容

组件从刚开始设计时就无法做到完美。随着组件越来越复杂，useState 中的属性也可能变得越来越复杂。需要确定是否有必要将状态拆分到多个 useState 中，你可能会按函数或类型对状态数据进行拆分。一般来说，笔者会根据一起更新的属性或状态属性的方法（如数据和视图属性）对状态数据进行拆分。

4. 合理使用 Hooks 的返回值

我们在使用自定义 Hooks 时，会习惯性地遵循 useState 钩子的返回样式。虽然这并没有错，但是在函数的最后使用数组返回多个状态变量可能会显得笨重。例如下面的代码：

```
function useBasicHook() {
  const [dataState, setDataState] = useState({
    serverData: {},
    selections: {}
  });
  const [viewState, setViewState] = useState({
    menuExpanded: false,
    submitFormData: {}
  })

  const toggleMenuExpand = () => {
    setViewState({
      menuExpanded: !viewState.menuExpanded,
      submitFormData: viewState.submitFormData
    })
  }

  return [dataState, viewState, toggleMenuExpand];
}

function App(){
  const [dataState, viewState, toggleMenuExpand] = useBasicHook();

  return <></>
}
```

如果在此过程中碰巧破坏了数组的顺序或使用了不正确的名称，这会导致意料之外的错误。其实我们可以通过返回一个对象来避免这种情况。如果使用 typeScript 来编写的话，下面这样的语法形式就更加合适。

```
import ReactDOM from "react-dom";
import React, { useState } from "react";

function useBasicHook() {
  const [dataState, setDataState] = useState({
    serverData: {},
    selections: {}
  });
  const [viewState, setViewState] = useState({
    menuExpanded: false,
    submitFormData: {}
  })

  const toggleMenuExpand = () => {
    setViewState({
      menuExpanded: !viewState.menuExpanded,
      submitFormData: viewState.submitFormData
    })
  }

  return {
    dataState: dataState,
    viewState: viewState,
    toggleMenuExpand: toggleMenuExpand
  };
}

function App(){
  const { dataState, viewState, toggleMenuExpand } = useBasicHook();

  return <></>
}

ReactDOM.render(<App />, document.getElementById("root"));
import ReactDOM from "react-dom";
import React, { useState } from "react";

interface ServerDataInterface {}

interface SelectionsInterface {}

interface ViewInterface {
  menuExpanded: Boolean;
  submitFormData: any;
}

interface DataInterface {
  serverData: ServerDataInterface;
```

```
    selections: SelectionsInterface;
}

interface Result {
    dataState: DataInterface;
    viewState: ViewInterface;
    toggleMenuExpand: () => void;
}

function useBasicHook() {
    const [dataState, setDataState] = useState<DataInterface>({
        serverData: {},
        selections: {},
    });

    const [viewState, setViewState] = useState<ViewInterface>({
        menuExpanded: false,
        submitFormData: {},
    });

    const toggleMenuExpand = (): void => {
        setViewState({
            menuExpanded: !viewState.menuExpanded,
            submitFormData: viewState.submitFormData,
        });
    };

    const result: Result = {
        dataState: dataState,
        viewState: viewState,
        toggleMenuExpand,
    };

    return result;
}

export default function App() {
    const { dataState, viewState, toggleMenuExpand } = useBasicHook();
    // 或者
    const state = useBasicHook();
    return <div></div>;
}

ReactDOM.render(<App />, document.getElementById("root"));
```

5. 合理拆分你的 Hooks

在构建自定义 Hooks 时，将过于复杂的 Hooks 拆分为多个更简单的 Hooks 会非常有用。笔者喜欢基于函数拆分 Hooks 逻辑，比如将一个 Hooks 用于数据 / Web API 交互，将另一个 Hooks 用于显示状态。按照具体功能逻辑将它进行独立拆分，这样可能会更有效。

6. 合理使用 useEffect 以防止不必要的重新渲染

useEffect 钩子非常有用，但是如果使用不当，可能会导致过度的重新渲染。在查看自定义 Hooks 时，有必要评估 useEffect 的使用是否得当。可以通过如下规则进行评估。

- ❑ 如果 useEffect 正在监听同一 Hooks 作用域内的状态变量，则该 useEffect 内部永远不应更新状态变量本身。
- ❑ 如果有多个 useEffect 监听同一组变量，请考虑合并它们。
- ❑ 虽然组合使用 useEffect 有助于减少重新渲染的次数，但是首先要优先考虑代码的可读性。

React Redux 原理解读与实践

要想把 React Hooks 用好，仅了解 React Hooks 还不够，还需要了解经常和 React Hooks 配合使用的 React Redux。大家通过学习本章将会了解 React Redux 的基本原理，并最终掌握如何在实际开发中正确使用 React Redux。

4.1 Redux

Redux 是一个独立的 JavaScript 的状态管理器，可以和 React 配合，也可以和 Vue 配合。

Redux 的功能很简单，主要是 3 个功能：

- ❑ 获取当前状态；
- ❑ 更新状态；
- ❑ 监听状态变化。

为什么要用 Redux

交互和异步操作的作用都是改变当前视图的状态，它们的无规律性导致了前端的复杂性，而且随着代码量越来越大，我们要维护的状态也越来越多。

我们很容易失去对这些状态何时发生、为什么发生以及怎么发生的控制。那么怎样才能预先掌握这些状态变化并复制追踪呢？这就是 Redux 的设计初衷。Redux 试图让每个状态变化都是可预测的，将应用中所有的动作与状态统一管理，让一切有据可循。

1. Redux 的主要使用场景

Redux 的主要使用场景如下。

- ❏ 在应用的大量地方存在大量的状态。
- ❏ 应用状态会随着时间的推移而频繁更新。
- ❏ 更新状态的逻辑可能很复杂。
- ❏ 中型和大型应用，很多人协同开发。

2. 使用 Redux 的原则

使用 Redux 的三大原则如下。

- ❏ 单一数据源的所有应用的状态被统一管理在唯一的 store 对象数据中。
- ❏ 状态是只读的，状态的变化只能通过触发 action 改变。
- ❏ 使用纯函数来执行修改，使用纯函数来描述 action，这里的纯函数被称为 reducer。

3. Redux 的核心概念

为了帮助大家充分认识和灵活使用 Redux，下面介绍几个 Redux 的核心概念。

（1）store：store 就是保存数据的地方，可以看成一个容器。整个应用只能有一个 store，store 是整个 Redux 的统一操作入口。

```
import { createStore } from 'redux';
// 根据 reducer 创建一个 store
const store = createStore(reducer);
```

（2）state：store 对象包含所有数据，如果想得到某个节点的数据，就要对 store 生成快照，这种时点的数据集合就叫状态。当前时刻的状态，可以通过 store.getState() 获取。

Redux 规定，一个状态对应一个视图，只要状态相同，视图就相同。你如果知道了状态，那么你就知道了视图是什么，反之亦然。

```
// Class 组件
state = {
  user:{
    userName:"",
    userAge:""
  }
}
// Hooks 组件
const [user, setUser] = useState({
  userName:"",
  userAge:""
})
```

（3）action：虽说状态的变化会导致视图的变化，但是因为用户接触不到状态，只能接触到视图，所以对于用户来说，状态的变化必须是视图导致的，action 就是视图发出的通知，用来说明状态应该发生什么变化。

　　action 是一个对象，其中 type 属性表示 action 的名称，这是一个必选项，其他属性可以自由设置。

　　action 的使用方法如下：

```
const updateUserAction = {
  type: 'user/Update', // action 的名称是 'user/Update'
  payload: { // 携带的更新数据
    userName:"",
    userAge:""
  }
}
```

　　（4）action creator：视图要发送多少种信息就会有多少种 action，所以就需要定义一个函数来生成 action，这个函数就是 action creator。

　　action creator 的使用方法如下：

```
const updateUser = user => {
  return {
    type: 'user/Update',
    payload: user
  }
}
```

　　（5）dispatch：store.dispatch() 是视图发出 action 的唯一方法。

　　dispatch 的使用方法如下。

```
import { createStore } from 'redux';
// 根据 reducer 创建一个 store
const store = createStore(reducer);

store.dispatch({
  type: 'user/Update',
  payload: {
    userName:"",
    userAge:""
  }
})
```

　　（6）reducer：store 收到 action 之后，必须给出一个新的状态，这样视图才会发生变化，这种状态的计算过程就是 Reducer。

　　reducer 是一个函数，它接受 action 和当前状态作为参数，返回一个新的状态。

```
const initialState = {
  user:{
    userName:"",
    userAge:""
  }
}
```

```
const reducer = (state = initialState, action) => {
  return state
}
export default reducer
```

4. Redux 基础使用

为了遵循模块化思维，我们创建一个新的 reducer.js 文件，并导出一个自定义 reducer 函数，定义处理 action 的 reducer，接受 action 和当前状态作为参数，返回一个新的状态。

```
// reducer.js
const reducer = (state, action) => {
  switch (action.type) {
    case "user/Update":
      return {
        ...state,
        user:action.user
      };
    default:
      return state
  }
};
export default reducer;
```

下面创建一个独立的 store 文件，定义 store 容器对象，用于触发和更新 action 并更新视图。具体实现代码如下。

```
// store/index.js
import { createStore } from 'redux'
import reducer from './reducer'
const store = createStore(reducer);
export default store
```

在组件中使用 store，并且使用 store 触发更新状态，然后更新视图数据。因为我们使用的是 Hooks 语法，所以使用 store 获取状态并将其添加到 Hooks 中的状态上，形成响应式数据。

```
// main.js
import React,{ useState,useEffect } from 'react';
import ReactDOM from 'react-dom';
import store from './store/index';

function App() {
  const [user, setUser] = useState(store.getState().user);
  const onUpdate=()=>{
    store.dispatch({
      type: "user/Update",
      user:{
        userName:" 鬼哥 ",
        userAge:"18"
```

```
        }
    })
}

return <div>
    <div>名称: { user.userName} </div>
    <div>年龄: { user.userAge} </div>
    <a onClick={ onUpdate }>点击更新用户 </a>
</div>
}

ReactDOM.render(<App />, document.getElementById('root'));
```

运行上述代码，在出现的界面中单击"点击更新用户"按钮，就会触发 action，从而触发更新状态并更新视图。整体的数据流程大致如图 4-1 所示。

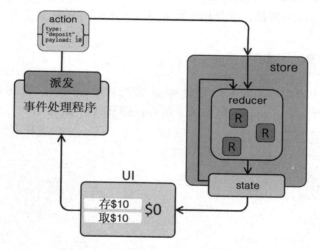

图 4-1　使用 Redux 更新视图的流程

从上面的使用流程来看，在 React 中直接使用 Redux 会很别扭，总感觉 Redux 和 React 是两个完全割裂的东西，没有融合感，所以我们需要使用与 React 配套的 React Redux。下面来学习 React Redux。

React Redux 是 Redux 官方推出的针对 React 数据流的解决方案。它能够让你的 React 组件从 Redux store 中读取数据，并且非常简单地向 store 分发 action 以更新数据。

React Redux 提供 Provider 组件，可以让容器组件获取到 state，而不需要单独进行导入。此处只做一个简单的理解，4.2 节将会对此进行深入解读。

```
import { createStore } from 'redux';
import { Provider } from 'react-redux'

const store = createStore(reducer)
```

```
render(
  <Provider store={store}>
    <App />
  </Provider>,
  document.getElementById("root")
)
// 此处的 reducer 和 Redux 中的 reducer 一致
```

以上为基础的 React Redux 使用流程代码。

4.2 Provider

Provider 用于把 Redux 中的 store 存放到 context 中，使其他被包裹的组件能够共享其内部的 store，简单的理解就是，它是用于设置共享 store 的容器。

4.2.1 上手使用 Provider

首先从 Redux 中通过 createStore 创建 store 实例对象，然后设置到 Provider 的 store 属性中即可。这样，所有被 Provider 包裹的子组件都能够共享 store。

```
import { createStore } from 'redux';
import { Provider } from 'react-redux';

// 创建 store 实例
const store = createStore(rootReducer)

ReactDOM.render(
  <Provider store={ store }>
    <App />
  </Provider>,
  document.getElementById('root')
)
```

注意，上述代码中的 rootReducer 为一个执行 action 并更新状态的函数。

下面我们通过一个示例来讲解 Provider 的使用方法。

（1）新建一个 store 文件，并通过 createStore 创建 store 实例，然后导出实例。第一个参数 reducer 为一个函数，函数的参数分别是 state 和 action，通过 action 区分不同的执行逻辑。这里我们暂时不更新状态，所以直接返回 state 参数。

在这里假设我们已经有用户信息数据对象 userInfo 了。

```
//store/index.js
import { createStore } from "redux";
// 直接返回 state
const reducer = (state, action) => {
```

```
    return state;
};

// ①通过 createStore 创建 store 实例
const store = createStore(reducer,{
    // 设置默认数据
    userInfo: {
      userName:" 鬼鬼 ",
      userAge:"18",
    },
});

// ②导出 store 实例
export default store;
```

（2）在应用程序主入口导入 Provider，并通过其 store 属性设置全局共享 store，这样被 Provider 包裹的子组件就都能够共享 store 了。

```
//main.js
import React from 'react';
import ReactDOM from 'react-dom';
import { Provider } from 'react-redux';
import store from './store/index';
import App from "./App";

ReactDOM.render(
  <Provider store={ store }>
    <App />
  </Provider>,
  document.getElementById('root')
)
```

需要注意的是，Provider 是 React Redux 中的。

（3）在 App 子组件中获取状态数据，并在页面中显示。此处使用 React Redux 为封装的 useSelector Hooks 获取 store 中的 state 对象。关于 useSelector 的内容参见 4.3 节。

```
// App.js
import React from "react";
import { useSelector } from "react-redux";

function App() {
  const userInfo = useSelector(state => state.userInfo);
  return (
    <div>
      <div> 名称：{userInfo.userName} </div>
      <div> 年龄：{userInfo.userAge} </div>
    </div>
  );
}

export default App;
```

运行上述代码会得到图 4-2 所示的界面。

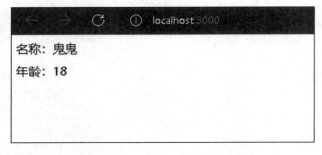

图 4-2　Provider 的示例效果

使用 Provider 时需要注意以下事项：

❑ Provider 需要放置到根节点，也就是应用程序的主入口根节点上；

❑ 因为 Provider 中 store 的更新会导致所有子组件的更新，所以需要注意 store 存储的
内容是否合理，大小是否合适。

4.2.2　Provider 原理解读

本节将对 Provider 源码进行简单分析，以帮助大家理解 Provider 的运行原理。

Provider 的源码如下，相关解读见源码中的注释。

```
import React, { useMemo, useEffect } from 'react';
import { ReactReduxContext } from './Context';
import createSubscription from '../utils/Subscription';

function Provider({ store, context, children }) {
  //①使用 useMemo 对值进行缓存
  const contextValue = useMemo(() => {
    const subscription = createSubscription(store)
    return {
      store,
      subscription,
    }
  }, [store])

  //②store 值发生变化，重新获取 store 上最新的状态
  const previousState = useMemo(() => store.getState(), [store])
  //③根据 store 重新触发更新回调函数
  useIsomorphicLayoutEffect(() => {
    const { subscription } = contextValue
    subscription.onStateChange = subscription.notifyNestedSubs
    subscription.trySubscribe()

    if (previousState !== store.getState()) {
```

```
        subscription.notifyNestedSubs()
      }
      return () => {
        subscription.tryUnsubscribe()
        subscription.onStateChange = undefined
      }
    }, [contextValue, previousState])
    // ④ contextValue.store 就是 store
    const Context = context || ReactReduxContext
    // ⑤ 使用 Context.Provider 进行全局共享
    return <Context.Provider value={contextValue}>{children}</Context.Provider>
}
```

4.3　useSelector

useSelector 是 React Redux 封装的一个 Hooks，用于从 Redux 中的 store 对象中提取数据（state 的值），并且返回的 state 对象是响应式的。

4.3.1　上手使用 useSelector

useSelector 的基本使用语法如下。

```
const result = useSelector(selector, equalityFn)
```

其中：

❑ selector 是一个函数，定义如何从 state 中取值，如 state => state.count;
❑ equalityFn 是一个函数，定义如何判断渲染之间的值是否有更新，默认通过绝对值"==="的方式判断，当然也可以自定义对比规则。

下面用实际代码来介绍 useSelector 的使用方法。假设有一个登录页面，登录成功后会把查询的用户信息存储到 Redux 的 store 中，此时我们从一个用户信息展示页面中读取 store 中的数据。

（1）导入依赖信息。

```
import React from 'react'
import { useSelector } from 'react-redux'
```

（2）使用 useSelector 这个 Hooks 获取 store 中的数据。

```
export const App = () => {
  const userInfo = useSelector(state => state.userInfo);
  return <div>
    <p>用户信息展示页面: </p>
    <div>名称: {userInfo.userName} </div>
```

```
      <div>年龄：{userInfo.userAge} </div>
    </div>
}
```

前文提到过，useSelector 返回的数据是响应式的，所以我们可以直接在页面展示这些数据。

当然也可以把 selector 参数单独提取为一个函数，比如可以这样写：

```
export const App = () => {
  const selectorFun = state => {
    return state.userInfo;
  }
  const userInfo = useSelector(selectorFun);
  return <div></div>
}
```

前面我们学习了 useSelector 的基础使用方法，下面通过一个实际的案例来整体讲解如何使用 useSelector。

（1）新建一个 store 文件，并通过 createStore 创建 store 实例，然后导出实例。第一个参数 reducer 为一个函数，函数的参数分别是 state 和 action，通过 action 区分不同的执行逻辑。这里我们暂时不更新状态，所以直接返回 state 参数。

在这里假设我们已经有用户信息数据对象 userInfo 了。

```
//store/index.js

import { createStore } from "redux";
// 直接返回 state
const reducer = (state, action) => {
  return state;
};

// ①通过 createStore 创建 store 实例
const store = createStore(reducer,{
  // 这种默认的数据
  userInfo: {
    userName:" 鬼鬼 ",
    userAge:"18",
  },
});

// ②导出 store 实例
export default store;
```

最终导出 store 实例对象供外部使用。

（2）在应用程序主入口导入 Provider，并通过其 store 属性设置全局共享 store。

```
//main.js
import React from 'react';
```

```
import ReactDOM from 'react-dom';
import { Provider } from 'react-redux';
import store from './store/index';
import App from "./App";

ReactDOM.render(
  <Provider store={ store }>
    <App />
  </Provider>,
  document.getElementById('root')
)
```

上述代码我们导入了刚刚创建的 store 实例，然后把 store 存入 Provider 数据共享容器中。

（3）在任意组件中通过 useSelector 获取 Provider 容器中的 store 数据，返回的数据对象直接就是响应式的。

```
// App.js
import React from "react";
import { useSelector } from "react-redux";

function App() {
  const userInfo = useSelector(state => state.userInfo);
  return (
    <div>
      <div>名称: {userInfo.userName} </div>
      <div>年龄: {userInfo.userAge} </div>
    </div>
  );
}

export default App;
```

当然我们也可以将多个 state 中的值合并到一个对象上。

```
import React from "react";
import { useSelector } from "react-redux";

function App() {
  const userData = useSelector(state => {
    return {
      userInfo:state.userInfo,
      roleName:state.roleName // 假设 state 中有 roleName 对象
    }
  });
  return (
    <div>
      <div>名称: {userData.userInfo.userName} </div>
      <div>角色名称: {userData.roleName} </div>
    </div>
```

```
  );
}

export default App;
```

至此，一个 useSelector 流程化的使用过程讲解完毕，整个流程还是非常简单的。

示例效果如图 4-3 所示。

图 4-3　useSelector 的示例效果

在上手使用 useSelector 的过程中，需要注意以下事项。

❏ selector 必须是纯函数，因为它可能被多次执行。

❏ selector 只接受 Redux store state 作为它仅有的参数。

❏ selector 可以返回任意值，不限于对象。

❏ useSelector() 默认使用 === 做引用严格比较，而不是浅比较。

❏ 当派发 action 时，useSelector() 会严格比较（===）上一个 selector 的返回值和当前值。如果不相等，组件被重新渲染，否则不会被重新渲染。

❏ selector 函数不接受 ownProps 参数。

❏ 使用 shallowEqual 优化组件更新。

使用 shallowEqual 优化组件更新的实现如下。

```
import { shallowEqual } from 'react-redux';
export function useShallowEqualSelector(selector) {
  return useSelector(selector, shallowEqual)
}
```

4.3.2　useSelector 原理解读

下面分初始化和更新两个阶段来简单介绍 useSelector 的工作原理。

初始化阶段，具体执行流程如下。

（1）根据传入的 selector 从 Redux 的 store 中取值。

（2）定义一个 latestSelectedState 方法来保存上一次 selector 返回的值。

（3）定义一个 checkForceUpdate 方法来控制当状态发生改变的时候，让强制渲染当前组件。

（4）利用 store.subscribe 订阅一次 Redux 的 store，下次 Redux 的 store 发生变化时执行 checkForceUpdate 方法。

更新阶段，具体执行流程如下。

（1）用户使用 dispatch 触发 Redux store 的变动后，store 会触发 checkForceUpdate 方法。

（2）在 checkForceUpdate 中，从 latestSelectedState 取到上一次 selector 的返回值，再利用 selector(store) 取到最新的值，利用 equalityFn 对两者进行比较。

（3）根据比较结果判断是否需要强制渲染组件。

4.4　useDispatch

useDispatch 返回 Redux store 的 dispatch 函数引用（简单解释就是，返回触发 Redux action 的对象集）。你可以根据需要使用它派发 action。

4.4.1　上手使用 useDispatch

使用 useDispatch 相对简单，只需要用 useDispatch 实例化一个对象，然后将实例保存在一个变量下，最后触发配置的 action 即可。我们可以在任何事件监听器中调用 dispatch 函数，useDispatch 的出现是为了简化触发 action 的流程。

使用 useDispatch 时会涉及 return 参数，这个参数返回 Redux 中的 dispatch 对象集。useDispatch 的基础使用方法如下。

（1）导入对应的依赖。

```
import React from 'react'
import { useDispatch } from 'react-redux'
```

（2）通过 useDispatch 创建实例，再通过实例触发对应的 action。

```
export const App = () => {
  // useDispatch 创建实例
  const dispatch = useDispatch();

  // 定义一个函数来触发对应的 action
  const onUpdate=()=>{
    dispatch({
      type:"updateInfo",
      payload:{
        userName:" 鬼鬼 ",
        userBriefly:" 一个前端程序员 "
```

```
    }
  });
}
return <div>
    <div><button onClick={ onUpdate }>更新昵称</button></div>
    </div>
}
```

在上面的代码中，我们通过单击一个按钮触发事件，然后执行对应的 action。

下面通过一个实例来学习如何在真实的企业开发环境下使用 useDispatch。

我们要实现这样一个场景：用户登录系统后，用户信息被保存到 store 中，页面支持用户修改用户名称、简介等基本信息。

（1）创建一个页面，该页面上有一个填写基本信息的表单和一个提交按钮，单击提交按钮会触发保存用户信息的操作。

```
// App.js
// ①导入依赖信息
import React from "react";
import { useSelector } from "react-redux";

function App() {
  // ②使用 useSelector 从 Redux 中取出定义的 state
  const userInfo = useSelector(state => state.userInfo);

  // 触发更新事件
  const onUpdate=()=>{
  }
  return (
    <div>
      <div>名称: <input type="text" value={userInfo.userName}/></div>
      <div>简介: <input type="text" value={userInfo.userBriefly}/></div>
      <div><button onClick={ onUpdate }>更新用户信息</button></div>
    </div>
  );
}

export default App;
```

运行上述代码，页面效果如图 4-4 所示。

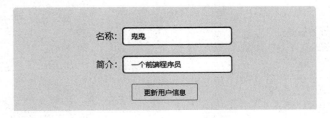

图 4-4　useDispatch 示例效果

（2）创建 redux 实例并定义 action。

```
//.store/index.js
// ①导入依赖信息
import { createStore } from "redux";

// ②配置对应的 action 规则，action 字段为调用方传递的数据，按照规范，我们一般定义两个字段
// action:{type:"",payload:""},type 为 action 类型，payload 为 action 对应的更新数据
const reducer = (state, action) => {
  switch (action.type) {
    case "updateInfo":
      return {
        ...state,
        userInfo:action.payload
      }
    break;
      return state;
  }
  return state;
};

// ③通过 createStore 创建 Store 实例并设置 store 默认值
const store = createStore(reducer,{
  userInfo: {
    userName:"",
    userBriefly:"",
  },
});

export default store;
```

在上面的代码中，我们创建了 store 实例并配置了一个更新用户信息的 action——[updateInfo]，最终将创建的 store 导出。

（3）创建完成 store 实例并配置 action 后，我们到页面中调用对应的 action。通过修改第一步的代码来实现这里的功能，大致如下。

```
// App.js
function App() {
  // ①使用 useSelector 从 Redux 中取出定义的 state
  const userInfo = useSelector(state => state.userInfo);
  // ②创建 useDispatch 实例
  const dispatch = useDispatch();

  // 触发更新事件
  const onUpdate=()=>{
    // 正常来说，我们需要先调用后端接口将数据保存到后端，这里暂不处理
    // ③使用 dispatch 触发我们定义的 action
    dispatch({
      type:"updateInfo",
```

```
        payload:{
            ...userInfo, // 一定要通过 ... 解构对象创建新实例对象
        }
    });
    console.log("更新成功")
}
return (
    <div>
        <div>名称: <input type="text" value={userInfo.userName}/></div>
        <div>简介: <input type="text" value={userInfo.userBriefly}/></div>
        <div><button onClick={ onUpdate }>更新用户信息 </button></div>
    </div>
    );
}

export default App;
```

（4）在 main.js 中使用 store。

```
// main.js
import React from 'react';
import ReactDOM from 'react-dom';
import { Provider } from 'react-redux';
import store from './store/index';
import App from "./App";

ReactDOM.render(
    <Provider store={ store }>
        <App />
    </Provider>,
    document.getElementById('root')
)
```

至此，useDispatch 的具体使用流程就学完了。单击表单中的按钮会触发对应的更新事件，最终的效果如图 4-5 所示。

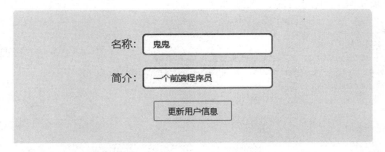

图 4-5　useDispatch 示例效果

使用 useDispatch 时要注意：当使用 dispatch 将 callback 传递给子组件时，推荐使用 useCallback memoize callback，如不使用它，子组件可能会发生不必要的渲染。

```
import React, { useCallback,useEffect } from 'react'
import { useDispatch } from 'react-redux'

// 自定义 Button
const MyButton = React.memo((props) => {
  const onBtClick =async ()=>{
    const res =await props.onClick();
    // 假如还有其他逻辑
  }

  useEffect(()=>{
    console.log(" 初始化 ")
  },[])

  return (
    <button onClick={ onBtClick }>
      { props.children }
    </button>
  )
})

const App = () => {
  const dispatch = useDispatch()

  const onUpdate = useCallback(() => {
    //dispatch 返回的是一个 Promise
    return dispatch({
    type:"updateInfo",
      payload:{
        ...userInfo,
      }
  }),dispatch})

  return (
    <div>
      <div>名称: <input type="text" value={userInfo.userName}/></div>
      <div>简介: <input type="text" value={userInfo.userBriefly}/></div>
      <div><MyButton onClick={ onUpdate }>更新用户信息 </MyButton></div>
    </div>
  )
}
```

　　这里自定义了一个 Button 组件 MyButton，在父组件中使用了 MyButton 组件。因为子组件中还有 MyButton 组件的逻辑需要处理，所以在触发 onUpdate 函数的时候将 dispatch 返回给了子组件。这种情况下，由于更改了引用，子组件可能会不必要地呈现出来。可以用 useCallback 来减少不必要的重复渲染。具体实现效果如图 4-6 所示。

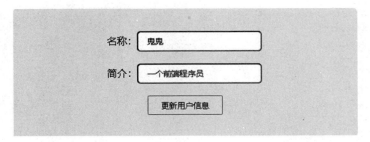

图 4-6　用 useCallback 减少不必要渲染后的效果

4.4.2　useDispatch 原理解读

useDispatch 原理比较简单，就是通过 useStore 获取 Redux 的 store，直接返回 store.
dispatch，相关源码及解读（源码中的注释）如下。

```
function createDispatchHook(context = ReactReduxContext) {

  const useStore = context===ReactReduxContext ? useDefaultStore : createStoreHook(context)

  return function useDispatch() {
    // ①通过 useStore 获取 store 对象，直接返回 store.dispatch
    const store = useStore()
    // ②直接返回 store.dispatch
    return store.dispatch
  }
}

// ③导出函数实例
export const useDispatch = createDispatchHook()
```

通过源码发现，action 可以直接通过调用 store.dispatch 触发。当然为了规范代码和保
证业务单一模块化，我们通常会通过 useDispatch 来触发对应封装的单一业务逻辑，从而达
到对应的效果。

4.5　useStore

useStore 返回 Redux <Provider> 组件的 store 对象的引用。

实际开发中，store 中可能存在很多数据，为了满足组件的单一性数据原则，我们不会
直接获取 store 对象中的数据（因为这会返回整个 store 对象），而一般通过 useSelector 来获
取指定部分的数据。虽然 useStore 用得较少，但是如果你的某个组件需要获取大量 store 的
数据字段，就有必要使用它了。

4.5.1　上手使用 useStore

useStore 中的参数 return 返回 redux 中的 store，包括 store.getState()、store.dispatch(action) 和 store.subscribe(listener)。

useStore 的基础使用方法如下。

（1）导入对应的依赖。

```
import React from 'react'
import { useStore } from 'react-redux'
```

（2）通过 useStore 创建实例，获取 store 对象。

```
export const App = () => {
  // ①通过 useStore 创建实例
  const store  = useStore();
  // ② store 调用 getState，获取 store 中的 state 数据集对象
  const state = store.getState();
  // ③从 state 中取出用户信息对象
  const { userInfo } = state;
  return (
    <div>
      <div>名称: {userInfo.userName} </div>
      <div>简介: {userInfo.userBriefly} </div>
    </div>
  )
}
```

上述代码实现的效果如图 4-7 所示。

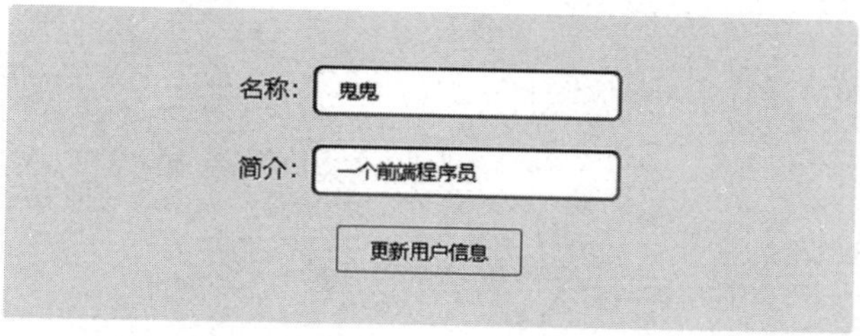

图 4-7　使用 useStore 获取用户信息对象

下面还是实现和上面一样的效果：用户登录系统后，用户信息被保存到 store 中，页面支持用户修改用户名称和简介等基本信息。这次我们使用 useStore 来实现。

（1）导入对应的依赖，创建一个这样的页面：页面中有一个供填写基本信息的表单，还有一个提交按钮，单击按钮会保存用户信息。

```
import React from "react";
import { useStore } from "react-redux";
```

```
function App() {
  const store = useStore();
  const state = store.getState();
  const { userInfo } = state;
  // 触发更新事件
  const onUpdate=()=>{
  }
  return (
    <div>
      <div> 名称: <input type="text" value={userInfo.userName}/></div>
      <div> 简介: <input type="text" value={userInfo.userBriefly}/></div>
      <div><button onClick={ onUpdate }>更新用户信息 </button></div>
    </div>
  );
}
```

运行上述代码，看到的页面效果如图 4-8 所示。

图 4-8　创建用户基本信息表单

（2）创建 redux 实例并定义 action。

```
// store/index.js
// ①导入依赖信息
import { createStore } from "redux";

// ②配置对应的 action 规则，action 字段为调用方传递的数据。按照规范，我们一般定义两个字段
// action:{type:"",payload:""}, type 为 action 类型，payload 为 action 对应的更新数据
const reducer = (state, action) => {
  switch (action.type) {
    case "updateInfo":
      return {
        ...state,
        userInfo:action.payload
      }
    break;
    return state;
  }
  return state;
};

// ③通过 createStore 创建 store 实例并设置 store 的默认值
const store = createStore(reducer,{
```

```
    userInfo: {
      userName:"",
      userBriefly:"",
    },
});

export default store;
```

上述代码创建了 store 实例，并配置了一个更新用户信息的 action —— updateInfo，最终将创建的 store 导出。

（3）创建完 store 实例并配置 action 后，我们到页面中调用对应的 action。

```
// App.js
import React from "react";
import { useStore } from "react-redux";

function App() {
  // ①通过 useStore 创建实例
  const store = useStore();
  // ②store 调用 getState 获取 store 中的 state 数据集对象
  const state = store.getState();

  const onUpdate=()=>{
    store.dispatch({
      type:"updateInfo",
      payload:{...userInfo}
    });
  }
  return (
    <div>
      <div>名称: <input type="text" value={state.userInfo.userName}/></div>
      <div>简介: <input type="text" value={state.userInfo.userBriefly}/></div>
      <div><button onClick={ onUpdate }>更新用户信息 </button></div>
    </div>
  );
}

export default App;
```

最终的效果如图 4-9 所示。

图 4-9 useStore 示例效果

虽然调用 store 中的 getState 也可以得到当前的 Redux state，但 getState 并不等同于 useSelector，两者的区别如下。

- ❏ getState 只会获得当前时刻的 Redux state，之后状态更新并不会导致这个方法被再次调用，也不会导致重新渲染，所以如果要用其中的 state，可以使用 state.userInfo. userName 绑定 DOM。
- ❏ 假如当前组件需要监听 Redux state 的变化，并根据 Redux state 的更新渲染不同的视图或者做出不同的行为，那么就应该使用 useSelector，因为 getState 返回的对象是非响应式的。
- ❏ 假如当前组件只是为了在 Redux state 中一次性查询某个数据 / 状态，并不关心（或刻意忽略）之后的更新，那么就应该使用 useStore().getState()。

4.5.2 useStore 原理解读

通过 useReduxContext 可直接返回 redux.store，ReactReduxContext 为 Redux 上下文对象。我们看下面的源码。

```
function createStoreHook(context = ReactReduxContext) {
  const useReduxContext = context === ReactReduxContext
    ? useDefaultReduxContext
    : () => useContext(context)
  return function useStore() {
    const { store } = useReduxContext()
    return store
  }
}

export const useStore = createStoreHook()
```

源码比较简单，这里就不展开分析了。

4.6 useReduxContext

useReduxContext 其实就是一个完全的 React.useContext 实例对象，返回全局实例的上下文对象，然后通过上下文对象直接获取 state,dispatch。

4.6.1 上手使用 useReduxContext

useReduxContext 的参数 return 会返回上下文对象 useContext。
useReduxContext 的基础使用方法如下。

（1）导入对应的依赖。

```
import React from 'react'
import { useReduxContext } from 'react-redux'
```

（2）通过 useReduxContext 获取上下文对象。

```
export const App = () => {
  // ①通过 useReduxContext 获取上下文对象，然后取出上下文对象中的 state
  const { state }   = useReduxContext();
  // ②页面使用 state 中的数据
  return (
    <div>
      <div>名称: {state.userInfo.userName} </div>
      <div>简介: {state.userInfo.userBriefly} </div>
    </div>
  )
}
```

从上下文对象中获取 state，然后页面展示 state 中的数据。

下面我们依然沿用前面的案例来介绍在实际工作中使用 useReduxContext 的方法。

（1）导入对应的依赖，创建一个这样的页面：页面有一个供填写基本信息的表单，还有一个提交按钮，单击按钮会保存用户信息。

```
import React from "react";
import { useReduxContext } from "react-redux";

function App() {
  // ①通过 useReduxContext 获取上下文对象，然后取出上下文对象中的 state
  const { state } = useReduxContext();
  // ②从 state 中取出 userInfo
  const { userInfo } = state;
  // 触发更新事件
  const onUpdate=()=>{
  }
  return (
    <div>
      <div>名称: <input type="text" value={userInfo.userName}/></div>
      <div>简介: <input type="text" value={userInfo.userBriefly}/></div>
      <div><button onClick={ onUpdate }>更新用户信息 </button></div>
    </div>
  );
}
```

运行上述代码，我们看到的页面效果如图 4-10 所示。

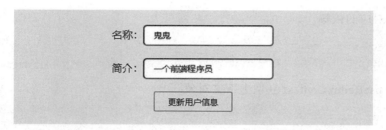

图 4-10　useReduxContext 用户信息

（2）创建 redux 实例并定义 action。

```
// store/index.js
// ①导入依赖信息
import { createStore } from "redux";

// ②配置对应的 action 规则，action 字段为调用方传递的数据。按照规范，我们一般定义两个字段
// action:{type:"",payload:""}，type 为 action 类型，payload 为 action 对应的更新数据
const reducer = (state, action) => {
  switch (action.type) {
    case "updateInfo":
      return {
        ...state,
        userInfo:action.payload
      }
    break;
      return state;
  }
  return state;
};

// ③通过 createStore 创建 store 实例并设置 store 的默认值
const store = createStore(reducer,{
  userInfo: {
    userName:"",
    userBriefly:"",
  },
});

export default store;
```

上述代码创建了 store 实例，并配置了一个更新用户信息的 action —— updateInfo，最终将创建的 store 导出。

（3）创建完成 store 实例并配置 action 后，我们到页面中调用对应的 action。

```
// App.js
import React from "react";
import { useReduxContext } from "react-redux";
```

```
function App() {
  // ①通过 useReduxContext 获取上下文对象，然后取出上下文对象中的 state
  const { state,dispatch }  = useReduxContext();
  // ②从 state 中取出 userInfo
  const { userInfo }  = state;
  // ③触发更新事件
  const onUpdate=()=>{
    dispatch({
      type:"updateInfo",
      payload:{...userInfo}
    });
  }
  return (
    <div>
      <div> 名称: <input type="text" value={userInfo.userName}/></div>
      <div> 简介: <input type="text" value={userInfo.userBriefly}/></div>
      <div><button onClick={ onUpdate }> 更新用户信息 </button></div>
    </div>
  );
}

export default App;
```

最终的示例效果如图 4-11 所示。

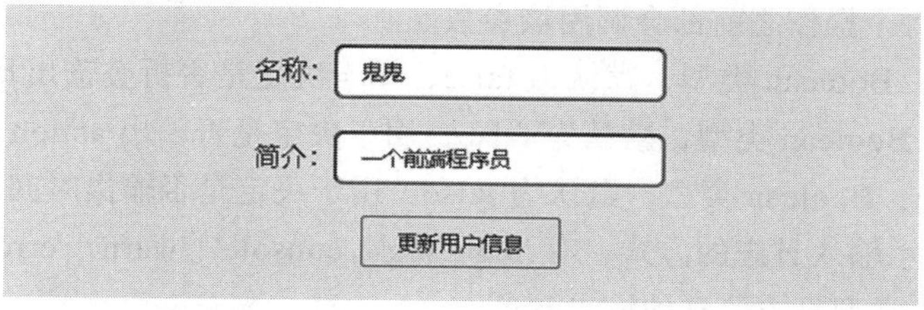

图 4-11　useReduxContext 示例效果

虽然 useContext 和 Redux 能实现相同的功能，但是从使用场景来说，它们的作用是不同的。
useContext 解决的是组件之间数据传递的问题，Redux 解决的是应用中统一管理状态的问题，一个是解决数据的传递，一个是解决数据的管理。通过和 useReducer 配合使用，useContext 可以实现类似 Redux 的功能。

4.6.2　useReduxContext 原理解读

useReduxContext 的源码很简单，就是单纯地返回 React useContext 原始对象。

```
import { useContext } from 'react'
import { ReactReduxContext } from '../components/Context'


export function useReduxContext() {
```

```
    //ReactReduxContext 为默认值变量，其值默认为 null
    const contextValue = useContext(ReactReduxContext)

    return contextValue
}
```

源码非常简单，这里就不展开介绍了。

4.7 中间件 redux-logger

redux-logger 是一个 React Redux 操作日志记录工具，会在 dispatch 改变仓库状态的时候打印出旧的仓库状态、当前触发的行为及新的仓库状态。实际进行开发调试的时候，redux-logger 是非常有用的，能够让大家直观地看到状态的更新过程。

redux-logger 的仓库地址为 https://github.com/LogRocket/redux-logger，安装方法如下：

```
yarn add redux-logger
```

对 redux-logger 所涉参数说明如下。

❏ Predicate：Boolean 类型，默认为 false，如果指定了该参数，则在 redux-logger 中间件处理每个操作之前都会调用该参数。

❏ Collapsed：Boolean 类型，默认为 false，用于决定是否折叠输出日志。

❏ Duration：Boolean 类型，默认为 false，用于决定是否输出 action 日志。

❏ Timestamp：Boolean 类型，默认为 false，用于决定是否输出时间戳。

❏ Level：表示输入日志的方式，有 'log': 'log' | 'console' | 'warn' | 'error' | 'info'。

❏ Colors：各类型日志信息的输出颜色。

参数 Colors 的具体实现如下。

```
colors: {
  title: () => 'inherit',
  prevState: () => '#9E9E9E',
  action: () => '#03A9F4',
  nextState: () => '#4CAF50',
  error: () => '#F20404',
},
```

Redux 中提供了 applyMiddleware，applyMiddleware 不仅可以让你包装 store 的 dispatch 方法，还拥有"可组合"这一关键特性。多个 applyMiddleware 可以组合到一起形成 applyMiddleware 链，这个链可以一起使用。链中的每个 applyMiddleware 都不需要关心自己前后的 applyMiddleware，所以我们可以使用 applyMiddleware 来扩展 redux-logger 的能力。下面通过示例来说明。

（1）导入依赖信息。

```
import { createStore, applyMiddleware } from "redux";
import logger from "redux-logger";
```

（2）通过 applyMiddleware 链式语法实现扩展能力。

```
// ①定义 state 默认值
const defaultState = {
  userInfo: {
    userName: "",
    userBriefly: "",
  }
};

// ②定义触发 action 类型
const reducer = (state, action) => {
  switch (action.type) {
    case "updateInfo":
      return {
        ...state,
        userInfo:action.payload
      }
    default:
      return state;
  }
  return state;
};

// ③链式语法实现扩展
// const store = applyMiddleware(logger)(createStore)(reducer, defaultState);
const store = createStore(
  applyMiddleware(logger)(reducer, defaultState)
)

// ④导出 store
export default store;
```

（3）从组件中更新对应的 state 来看看效果。

```
// App.js
import React from "react";
import { useReduxContext } from "react-redux";

function App() {
  // ①通过 useReduxContext 获取上下文对象，然后取出上下文对象中的 state
  const { state,dispatch } = useReduxContext();
  // ②从 state 中取出 userInfo
  const { userInfo } = state;

  // ③触发更新事件
```

```
    const onUpdate=()=>{
      dispatch({
        type:"updateInfo",
        payload:{...userInfo}
      });
    }
    return (
      <div>
        <div>名称: <input type="text" value={userInfo.userName}/></div>
        <div>简介: <input type="text" value={userInfo.userBriefly}/></div>
        <div><button onClick={ onUpdate }>更新用户信息</button></div>
      </div>
    );
}

export default App;
```

所有状态更新日志都被打印到控制台了，这样我们就能够直观地看到状态的变化过程，开发变得更高效。具体效果如图 4-12 所示。

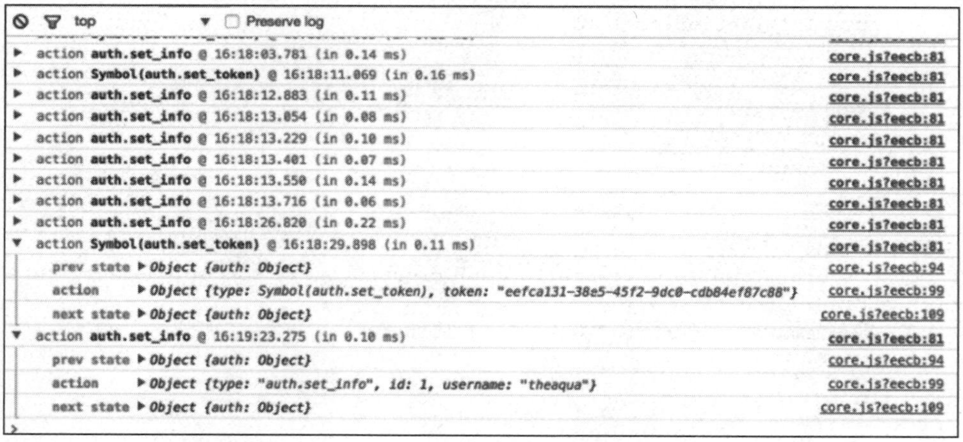

图 4-12   将状态更新日志打印到控制台

注意，redux-logger 中间件应该作为所有中间件中的最后一个，因为有的 action 可能不是平面对象，而是函数（副作用函数），这时候需要在前面通过其他中间件进行处理，否则 redux-logger 会显示错误。

4.8   中间件 redux-persist

在我们实际开发 React 项目的过程中，可能有某些需求需要持久化 Redux 里的数据，比如登录状态、登录后的菜单等，这时候就需要用 redux-persist 了。redux-persist 支持使用

localStorage、sessionstorage、cookie 来完成数据持久化操作。

redux-persist 的仓库地址为 https://github.com/rt2zz/redux-persist，安装方法如下：

```
yarn add redux-persist
```

下面通过示例来说明 redux-persist 的使用方法。首先在用 createStore 创建实例化对象的时候配置相关插件。

（1）导入依赖信息。

```
import { createStore, applyMiddleware, combineReducers } from 'redux'
import { persistStore, persistReducer } from 'redux-persist'
import promiseMiddleware from 'redux-promise'
import storage from 'redux-persist/lib/storage';
```

（2）实例化 store 并配置相关插件。

```
// store/index.js

// ①定义 state 默认值
const defaultState = {
  userInfo: {
    userName: "",
    userBriefly: "",
  }
};

// ②定义触发 action 类型
const reducer = (state=defaultState, action) => {
  switch (action.type) {
    case "updateInfo":
      return {
        ...state,
        userInfo:action.payload
      }
  }
  return state;
};

// ③通过 persistReducer 配置本地缓存存储规则
const persistConfig = {
  key: 'root', // 放入 localStorage 中的 key
  storage, // 使用的存储对象，默认为 localStorage
  blacklist:['mens'] // 过滤不需要存入 localStorage 中的 key
}


//④创建 store
const store = createStore(
```

```
    persistReducer(persistConfig, reducers),
    applyMiddleware(logger)(promiseMiddleware)
)

//⑤通过 persistStore 配置 store 关联
const persistor = persistStore(store)

//⑥导出 store 和 persistor
export default { store, persistor }
```

值得注意的是，createStore 如果有多个插件，则 applyMiddleware 必须放在末尾。当然，如果不需要 applyMiddleware，也可以将其去掉。

（3）在组件中使用 state 参数。这里通过 useSelector 获取 store 中的状态。

```
// App.js
import React from 'react'
import { useSelector } from 'react-redux'

export const App = () => {
  const userInfo = useSelector(state => state.userInfo);
  return <div>
          <div>名称：{userInfo.userName} </div>
          <div>简介：{userInfo.userBriefly} </div>
        </div>
}
```

（4）在主入口中通过 Provider 设置 store，并通过 PersistGate 设置 persistor 进而和 store 产生关联。

```
// index.js
import React from 'react'
import ReactDOM from 'react-dom'
import { Provider } from 'react-redux'
import { PersistGate } from 'redux-persist/lib/integration/react'
// 导入 store 和 persistor
import { store, persistor } from './store/index'
// 导入主组件
import App from './App'

ReactDOM.render(
  <Provider store={ store }>
    <PersistGate persistor={ persistor }>
      <App/>
    </PersistGate>
  </Provider>,
  document.getElementById('root')
)
```

至此所有的配置都已完成，来看看效果吧（见图 4-13）。

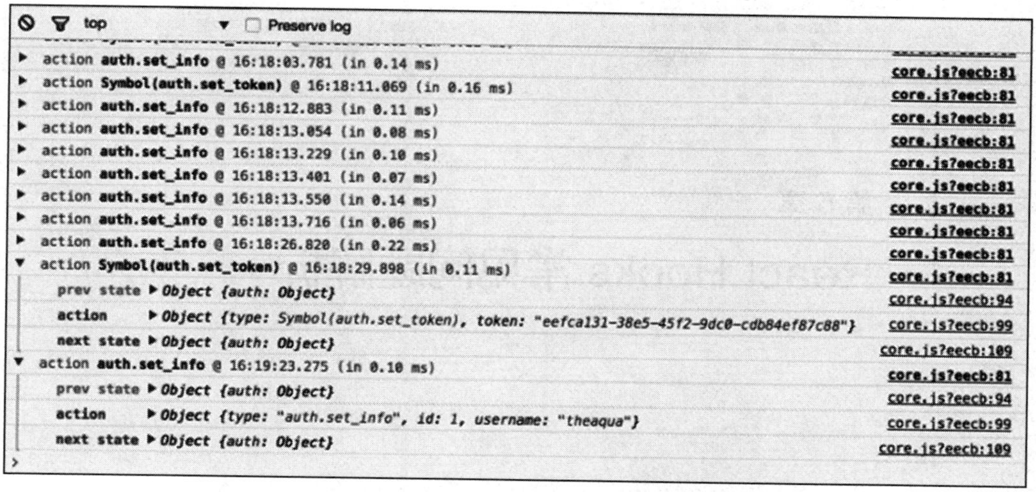

图 4-13　redux-persist 配置效果图

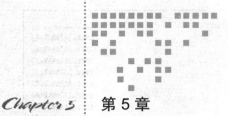

Chapter 5 第 5 章

React Hooks 常见问题解析

虽然 React Hooks 易于上手,而且前文也介绍了 React Hooks 的基本使用方法,但是大家在使用过程中还是难免会遇到各种问题。下面就来总结一下笔者和笔者同事在使用 React Hooks 时遇到过的一些典型问题。

5.1 如何正确实现组件复用

在业务开发过程中,我们总是期望某些功能可以复用。比如,某个功能比较复杂,我们就有可能把它抽出来作为一个新的"业务组件",目的是能够更好地复用它。然而当我们在另一个业务中复用该组件的时候,往往会遇到各种问题,比如:

❑ 组件现有的功能不能满足需求;

❑ 为了满足多个业务的复用需求,不得不把组件修改到很别扭的程度;

❑ 参数失控;

❑ 版本无法管理。

这些问题时常让人产生疑问:在一个业务体系中,到底应该如何进行组件化?本节就试图围绕这个主题,给出一些解决思路。

5.1.1 合理使用有状态组件和无状态组件

我们通常会面对一些简单而通用的场景,比如处理组件中状态的存放。一般来说,我们有两种处理策略,分别是状态外置和状态内置。

状态内置(有状态组件)的示例代码如下:

```
const InputCom = () => {
  const [value, setValue] = useState('')
  return <input value={value} onChange={setValue} />
}
```

状态外置（无状态组件）的示例代码如下：

```
type InputComType = {
  value: string
  setValue: (v: string) => void
}
const InputCom = (props: InputComType) => {
  const { value, setValue } = props
  return <input value={value} onChange={setValue} />
}
```

有状态组件可以位于顶层，不受其他因素约束，而无状态组件依赖于外部传入的状态与控制。有状态组件也可以在内部分成两层，一层专门处理状态，一层专门处理渲染，而后者依赖的也是一个无状态组件。

一般来说，对于纯交互类组件来说，将最核心的状态外置通常是更好的策略，因为它的可组合性需求更强。

5.1.2　使用上下文管控依赖项

我们在实现一个相对复杂的组件时，有可能需要处理一些外部依赖项。比如，对于选择地址的组件，可能需要外部提供地址的查询能力。

一般来说，我们向组件提供外置配置项的方式有以下三种：

❑ 通过组件自身的参数（props）传入；
❑ 通过上下文传入；
❑ 组件自己从某个全局性的位置引入。

这三种方式中，我们需要尽可能避免直接引入全局依赖。举例来说，如果不刻意控制外部组件引入依赖，就会存在许多在组件中直接引用 request 的情况，比如：

```
import request from 'xxx'
const Component = () => {
  useEffect(() => {
    request(xxx)
  }, [])
}
```

这里需要注意，我们一般意识不到直接输入请求有什么不对，但实际上，按照这个实现方式，可能会在一个应用系统中存在很多个直接依赖 request 的组件。它的典型后果是：一旦整体的请求方式变更，比如添加了统一的请求头或者异常处理，那么就可能改动每个组件。对于这个问题，可以选择先封装请求，再引入该请求。

如果多个不同的项目合并了，就存在多种不同的数据来源，那么就不一定能做到直接统一请求配置。因此，要尽量避免直接引入全局依赖，哪怕某个组件当前真的使用了全局，也要假定未来它是可变动的。这种变动包括但不限于：

❑ 请求方式；

❑ 用户登录状态；

❑ 视觉主题；

❑ 多语言国际化；

❑ 环境与平台相关的 API。

应尽可能把上述变动封装在某种上下文里，并提供便利的使用方式，实现代码如下：

```
// 统一封装控制
const ServiceContext = () => {
  const request = useCallback(() => {
    return // 这里是统一引入控制的 request
  }, [])

  const context: ServiceContextValue = {
    request,
  }
  return <ServiceContext.Provider value={context}>{children}</ServiceContext.Provider>
}

// 包装一个 Hook
const useService = () => {
  return useContext(ServiceContext)
}

// 在组件中使用
const Component = () => {
  const { request } = useService()
  // 这里使用 request
}
```

这样，我们在整棵大组件树上的视角就是：某棵子树往下，可以统一使用某种控制策略。这种策略在进行模块集成的时候会比较有用。

使用 Context，我们可以更好地表达整组的状态与操作，并且当下层组件结构发生调整的时候，需要相应调整的数据连接关系较少。我们通常倾向于使用一些全局状态管理方案，原因也正在于此。

5.1.3 状态的可组合性

在实现组件的时候，我们往往会发现组件之间存在很多共性，比如：

❑ 可以控制是否禁用所有的表单输入项；

❑ 多选项卡组件与卡片组件都是在一个列表形态上扩展得到的。

从更深的层次出发，我们可以意识到，几乎每一个组件所使用的状态与控制能力都是由若干原子化的能力组合而成的，这些原子能力可能是相关的，也可能是不相关的。

来看下面这个代码示例：

```
const Editable = (props: PropsWithChildren<{}>) => {
  const { children } = props
  const [editable, setEditable] = useState<boolean>(false)

  const context: EditableContextValue = {
    editable,
    setEditable,
  }

  return <EditableContext.Provider value={context}>{children}</EditableContext.Provider>
}
```

上述代码中的组件实现的就是对只读状态的读写操作。如果某个组件内部需要这个功能，可以直接将它组合进去。

还有更复杂的情况，比如我们想要表达一种特殊的表单卡片组，它的主要功能包括：

❑ 可迭代；

❑ 可动态添加 / 删除项；

❑ 可设置是否能编辑；

❑ 可存草稿，也可以提交；

❑ 可多选。

此时分析该表单卡片组件的特征，发现有几种互不相关的原子交互：

❑ 通用列表操作；

❑ 编辑状态的启用控制；

❑ 可编辑项；

❑ 列表多选。

该表单卡片组件的实现可能是这样的：

```
const CardList = () => {
  const { list, setList, addItem } = useContext(ListContext)
  const { editable, setEditable } = useContext(EditContext)
  const { commit } = useContext(DraftContext)
  const { selectedItems, setSelectedItems } = useContext(ListSelectionContext)
  // 内部组合使用
}
```

由以上可知，我们可以将组件分解为若干个独立的可交互的原子单元。在组件实现的时候，不用开发完整的组件，而只需组合使用这些原子单元，这就是所谓的"万物皆组件"开发模式。

注意，部分状态组件之间可能存在组合顺序依赖关系。例如："可选择"依赖于"列表"，必须被组合在它的下层。这些内容可以在另外的体系中进行约束。

5.1.4　分层复用

在业务中，组件的复用方式并不总是一样的。我们有可能需要：

❏ 复用一个交互方式；

❏ 复用一段逻辑；

❏ 复用一个组合了逻辑与交互的业务组件。

在设计业务组件的时候，我们就需要慎重考虑上述需求了。可以尝试问自己以下问题：

（1）我们在复用它的时候，会更改它的外部依赖吗？

（2）它的内部逻辑会被单独复用吗？

（3）这个交互形态会与其他逻辑组合起来复用吗？

比如，一个内置了选择省/市/县的多级地址选择器就是这样一种业务组件。我们以此为例，尝试回答上述 3 个问题。

（1）对地址进行查询会涉及外部依赖。注意，尽管大部分情况下不会更改公共业务组件的外部依赖，但是在某些场景下仍然存在这个可能性，所以我们在设计组件的时候需要提前考虑这类事情，尽量对独立的业务进行颗粒化抽象，以达到对代码逻辑的复用。

（2）当然，这是确定的。如果你需要实现另一种业务逻辑相似但展示形式不同的组件，那么就可以将这类逻辑进行抽离以实现复用。

（3）它有可能被用于其他产品，比如选择物品种类的产品。

回答了上述 3 个问题之后，我们就可以设计组件结构了。

业务上下文：

```
const Business = () => {
  const [state, setState] = useState()
  return <BusinessContext.Provider value={context}>{children}</BusinessContext.Provider>
}
```

交互上下文：

```
const Interaction = () => {
  const [state, setState] = useState()
  return <InteractionContext.Provider value={context}>{children}
      </InteractionContext.Provider>
}
```

在组件中的实现：

```
const ComponentA = () => {
  const {} = useContext(BusinessContext)
  const {} = useContext(InteractionContext)
  // 在这里连接业务与交互
}
```

使用方法如下：

```
const App = () => {
  // 下面每层传入各自需要的配置信息
  return (
    <Business>
      <Interaction>
        <ComponentA />
      </Interaction>
    </Business>
  )
}
```

在上述实现过程中，需要遵守的总原则如下：

❑ 业务状态与 UI 状态隔离；

❑ UI 状态与交互呈现隔离。

在细分实现中，需要考虑这两个部分分别由什么东西组合而成。

在一些比较复杂的场景下，状态结构也很复杂，需要管理来自不同信息源的数据。在某些实践中，将一切状态聚合到一个超大结构中，然后分别订阅，这也是可行的，但是会提高维护的难度。

我们通常有机会对状态进行分组，最容易理解的分组方式就是将业务和交互隔离。这种方式可以让我们更聚焦：写业务逻辑的时候不去思考交互形态，写交互形态的时候不去思考业务逻辑，其他时间思考如何将它们连接起来。

5.2　如何在组件加载时正确发起异步任务

在组件加载时正确发起异步任务的需求非常常见，典型的例子有在列表组件加载时将请求发送到后端，以获取并展现列表。下面以查询网易云音乐的歌曲列表为例进行讲解。

普通实现方法如下。

```
import ReactDOM from "react-dom";
import React, { useEffect,useState } from "react";

const baseApi="https://v1.hitokoto.cn";
const searchApi="/nm/search/%E5%91%A8%E6%98%9F%E9%A9%B0";

function App() {
  const [loading, setLoading] = useState(true);
  const [list, setList] = useState([]);
  const onQueryTable=async ()=>{
    const res = await fetch(`${baseApi}${searchApi}`);
    const data = await res.json();
    setList(data.result.songs);
    setLoading(false);
```

```
  }
  useEffect(() => {
    onQueryTable();
  }, []);

  return (
    <>
      { loading ? (<h2>加载中...</h2>) : (<h2>查询结束</h2>)}
      {
        list.map((item)=>{
          return <p key={item.id}>歌曲名称: {item.name}</p>
        })
      }
    </>
  );
}

ReactDOM.render(<App />,document.getElementById("root"));
```

运行上述代码会得到图 5-1 所示的界面。这是一个基础的带 Loading 功能的组件，会向后端发送异步请求以获取一个值并将其显示到页面上。然而真实的项目中肯定会遇到一个问题：如果此时接口正处于请求状态，且用户切换了页面，则会导致此组件被卸载，组件卸载后依然会调用 setList(data.result.songs) 和 setLoading(false) 来更新状态。这显然是一个需要解决的问题。

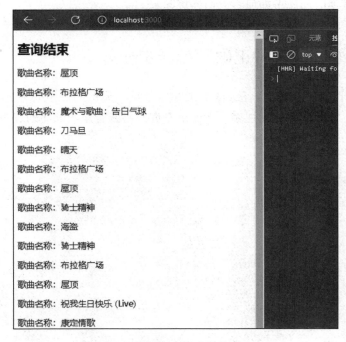

图 5-1   网易云音乐歌曲列表

　　上面的代码实现存在的问题是，当组件被卸载时，依然触发了状态更新。要解决这个问题，可以新增一个变量，使得当组件被卸载的时候改变变量值，停止触发 setList(data.result.songs) 和 setLoading(false)，从而达到优化的目的。

　　通过前面的学习我们知道，在 useEffect 中能够返回一个函数并达到在组件被卸载时触发一个回调的目的，我们可以运用这个特性实现我们的需求。

实现方法 1：

```
import ReactDOM from "react-dom";
import React, { useEffect,useState } from "react";

const baseApi="https://v1.hitokoto.cn";
const searchApi="/nm/search/%E5%91%A8%E6%98%9F%E9%A9%B0";
let isUnmounted = false;
function App() {
  const [loading, setLoading] = useState(true);
  const [list, setList] = useState([]);

  const onQueryTable=async ()=>{
    const res = await fetch(`${baseApi}${searchApi}`);
    const data = await res.json();
    // 未被卸载才更新状态
    if(!isUnmounted){
      setList(data.result.songs);
      setLoading(false);
    }
  }

  useEffect(() => {
    onQueryTable();
    return () => {
      isUnmounted = true;
    }
  }, []);

  return (
    <>
      { loading ? (<h2>加载中 ...</h2>) : (<h2>查询结束</h2>)}
      {
      list.map((item)=>{
        return <p key={item.id}>歌曲名称: {item.name}</p>
      })
      }
    </>
  );
}

ReactDOM.render(<App />,document.getElementById("root"));
```

此处需要注意的是，不能使用 useState 定义 isUnmounted 变量，因为调用 useState 返回的修改函数是异步的，调用后并不会直接生效，这会导致 if(!isUnmounted){} 不能生效。运行上述代码，会得到图 5-2 所示的界面。

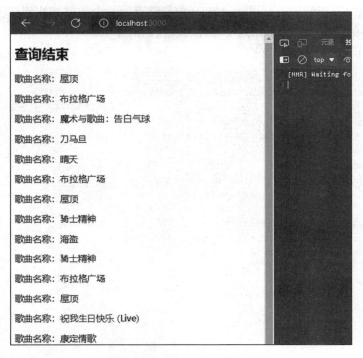

图 5-2　实现方法 1 所得结果

虽然上面实现了一定的优化，但是一个组件中包含太多的组件级作用域变量 isUnmounted，总给人一种代码不够优雅的感觉，所以我们需要再优化。

前面我们学习了 useRef，知道 useRef 返回的 ref 对象具有在组件的整个生命周期内保持不变的特性。我们可以基于这一特性对上述代码做进一步优化。

实现方法 2：

```
import ReactDOM from "react-dom";
import React, { useEffect,useState } from "react";

const baseApi="https://v1.hitokoto.cn";
const searchApi="/nm/search/%E5%91%A8%E6%98%9F%E9%A9%B0";
let isUnmounted = false;
function App() {
  const [loading, setLoading] = useState(true);
  const [list, setList] = useState([]);

  const onQueryTable=async ()=>{
```

```
      const res = await fetch(`${baseApi}${searchApi}`);
      const data = await res.json();
      // 未被卸载才更新状态
      if(!isUnmounted){
        setList(data.result.songs);
        setLoading(false);
      }
    }
    useEffect(() => {
      onQueryTable();
      return () => {
        isUnmounted = true;
      }
    }, []);

    return (
      <>
        { loading ? (<h2> 加载中 ...</h2>) : (<h2> 查询结束 </h2>)}
        {
          list.map((item)=>{
            return <p key={item.id}> 歌曲名称：{item.name}</p>
          })
        }
      </>
    );
  }
ReactDOM.render(<App />,document.getElementById("root"));
```

5.3　需要注意哪些 React Hooks 错误写法

　　在日常开发过程中，也许一段不规范的代码就会导致意想不到的错误。为了帮助大家尽量避免出现这些问题，本节汇总了实际项目中最容易出现的几种错误写法，并给出了正确写法。

1. useState 使用不规范导致不必要的重新渲染
错误示例：

```
import React, { useState } from 'react';
const App = () => {
  const [num, setNum] = useState(0);
  const onSaveUserCommit=()=>{
    // 上报考试信息
  }
  const onStart = () => {
    // 在正式开发的时候记得关闭计时器, 此处不处理
    setInterval(()=>{
```

```
      setNum(num+1);
    },1000)
  };
  const onClose = () => {
    // 上报考试时间
    onSaveUserCommit();
  };
  return (
    <div>
      <button onClick={ onStart }>开始考试</button>
      <button onClick={ onClose }>考试结束</button>
    </div>
  );
};
export default App;
```

乍一看，上述代码没有什么问题，但是仔细看会发现，在 React 中，每个状态更改都会强制对该组件及其子组件进行重新渲染。由于我们从未在渲染部分使用该状态，因此每次设置计数器时，这都会带来不必要的渲染，进而影响性能或带来副作用。

如果你想在组件中使用一个变量，并且只在业务代码中使用它的值，不需要组件强制重新渲染，那么你可以使用 useRef。useRef 将保留变量的值，但不会强制组件重新渲染。

正确示例：

```
import React, { useRef } from "react";
function App(props) {
  const num = useRef(0);
  const onSaveUserCommit = () => {
    // 上报考试信息
  };
  const onStart = () => {
    // 在正式开发的时候记得关闭计时器，此处不处理
    setInterval(() => {
      setNum(num.current + 1);
    }, 1000);
  };
  const onClose = () => {
    // 上报考试时间
    onSaveUserCommit();
  };
  return (
    <div>
      <button onClick={onStart}>开始考试</button>
      <button onClick={onClose}>考试结束</button>
    </div>
  );
}
export default App;
```

2. useEffect 使用不规范

useEffect 在 Hooks 项目中肯定会被用到，它能够监听 prop 或 state，并更改相关的操作。

下面来看一个场景需求：有一个组件，它获取一个项目列表并将它呈现给 DOM。此外，如果请求成功，我们希望调用 onSuccess 函数，该函数作为 prop 传递给组件。

错误示例：

```
function TableList({ onSuccess }) {
  const [loading, setLoading] = useState(false);
  const [error, setError] = useState(null);
  const [data, setData] = useState(null);
  const fetchData = () => {
    setLoading(true);
    callApi()
      .then((res) => setData(res))
      .catch((err) => setError(err))
      .finally(() => setLoading(false));
  };

  // 第一个 useEffect
  useEffect(() => {
    fetchData();
  }, []);

  // 第二个 useEffect
  useEffect(() => {
    if (!loading && !error && data) {
      onSuccess();
    }
  }, [loading, error, data, onSuccess]);
  return <div>Data: {data}</div>;
}
export default TableList;
```

上述代码中有两个 useEffect，第一个 useEffect 是处理初始渲染过程中的 API 调用，第二个 useEffect 是请求成功后调用的成功（onSuccess）函数。如果 loading 参数不是 false，error 为 null，并且 data 中有数据，第二个 useEffect 一定会调用 onSuccess 吗？当然会，第一次调用 fetchData 函数成功后，由于更新了 data，所以一定会触发 onSuccess 函数。细看你会发现，是否调用 onSuccess 其实只与是否有 data 有关，与其他 state 没有强关联关系，所以这种写法是不合适的。何况这种写法的可读性非常差，并且没有做到函数的单一性。

对于上述问题，一个直接的解决方案是将 onSuccess 函数放置到请求调用成功处。这样看起来是否非常直观，并且简单了很多？

正确示例：

```
function TableList(props ) {
  const [loading, setLoading] = useState(false);
  const [error, setError] = useState(null);
  const [data, setData] = useState(null);
  const fetchData = () => {
```

```
    setLoading(true);
    callApi()
      .then((fetchedData) => {
        setData(fetchedData);
        props.onSuccess();
      })
      .catch((err) => setError(err))
      .finally(() => setLoading(false));
  };
  useEffect(() => {
    fetchData();
  }, []);
  return <div>{data}</div>;
}
export default TableList;
```

3. 组件职责不单一

说到组件的单一职责，这需要有一定的编码经验才能理解，因为这会涉及什么时候将一个组件拆分成几个更小的组件，以及如何构建组件树，而这些都依赖于一定的经验。在使用基于组件的框架时，我们每天都需要进行这样的思考。举个例子，有一个页面，页面头部在移动设备上显示为滑动按钮，而在 PC 设备上显示为标签页（Tab）。下面来看具体的代码示例。

错误示例：

```
function HeaderInner({ menuItems }) {
  return isMobile() ? <BurgerButton menuItems={menuItems} />
      : <Tabs tabData={menuItems} />;
}
function Header({ menuItems }) {
  return (
    <header>
      <HeaderInner menuItems={menuItems} />
    </header>
  );
}
export default Header;
```

从上面的代码中可以看出，组件 HeaderInner 试图同时承担两个不同的角色。然而一个组件做多件事情显然是不合适的，因为这会使得在其他地方测试或重用组件十分困难。

正确示例：

```
function Header(props) {
  return (
    <header>{ isMobile() ? <BurgerButton menuItems={menuItems} />
        : <Tabs tabData={menuItems} />}</header>
  );
}

export default Header;
```

4. useEffect 职责不单一

错误示例：

```
function Example(props) {
  const location = useLocation();
  const fetchData = () => {
  };
  const updateBreadcrumbs = () => {
  };
  useEffect(() => {
    fetchData();
    updateBreadcrumbs();
  }, [location.pathname]);
  return (
    <div>
      <BreadCrumbs />
    </div>
  );
}
export default Example;
```

这里的 useEffect 中有两个功能，一个是数据获取（fetchData），另一个是展示面包屑（update Breadcrumbs）。当 fetchData 函数、updateBreadcrumbs 函数或者 location 发生改变时，useEffect 里的两个函数都会执行。现在的主要问题是，当 location 发生变化时，数据获取函数会重新执行，这可能会产生意想不到的副作用。

正确示例：

```
function Example(props) {
  const location = useLocation();
  // 更新面包屑 DOM
  const updateBreadcrumbs = () => {
  };
  // 数据获取
  const fetchData = () => {
  };

  // 面包屑副作用
  useEffect(() => {
    updateBreadcrumbs();
  }, [location.pathname]);

  // 数据获取副作用
  useEffect(() => {
    fetchData();
  }, []);

  return (
    <div>
      <BreadCrumbs />
```

```
      </div>
    );
}
export default Example;
```

上面我们将数据获取和面包屑展示数据各自拆分为一个独立的副作用，即数据获取副作用和面包屑副作用，这样可以确保它们仅用于一种效果，相互逻辑是隔离的，并且不会出现意外的副作用。

5. useEffect 中突然的死循环

错误示例：

```
function App(props) {
  const [loading,setLoading] = useState(false);
  const onInit=()=>{
    // 其他业务代码
    setLoading(true)
  }
  useEffect(()=>{
    console.log(' 此处死循环 ****')
    onInit()
  },[loading])
  return (
    <div> 你好 </div>
  );
}
export default App;
```

useEffect 如果依赖一个一直变化的状态，它将陷入死循环，比如本例中的 loading。

正确示例：

```
function App(props) {
  const [loading,setLoading] = useState(false);
  const onInit=()=>{
    // 其他业务代码
    setLoading(true)
  }
  useEffect(()=>{
    // 此处可以增加一个状态验证的方式以避免重新设置
    if(!loading){
      onInit()
    }
  },[loading])
  return (
    <div> 你好 </div>
  );
}
export default App;
```

5.4　如何进行 React Hooks 场景下的优化

在日常开发中，大家往往并不十分关注性能优化问题，而把大部分时间用在实现业务需求上，直到视觉交互体验出现明显问题，才会想到性能优化。

其实性能优化是一件需要长期关注的事情，不能只在遇到问题的时候才想到去优化，而应在每次编码中都思考如何优化，否则到了后期，优化将变得费时费力，而且容易出现项目难以维护的情况。

在 React Hooks 中，性能问题主要体现在对组件重复渲染的处理、组件渲染时机的把控等方面。下面就通过两个常见的案例来分析性能到底会毁在哪几个细节，并以渐进的方式给出优化方案。

React Hooks 组件在每一次渲染的过程中都会生成独立的作用域，因而都会重新生成组件内部的子函数和变量。我们应该尽量不在 React Hooks 组件内部声明函数，而将无状态关联的业务独立放到组件外部实现，比如进行函数定义位置优化。

5.4.1　函数定义位置优化

下面先来看一组优化前和优化后的代码。

优化前：

```
function App() {
  const [tableList, setTableList] = useState([]);
  const [queryTime, setQueryTime] = useState(null);

  const formatDate=(date)=> {
    return date?new Date(date).toISOString():"";
  }

  const onQuery=()=>{
    setData({
      queryTime:new Date(),
      tableList:[{
        userName:" 鬼鬼 ",
        userAge:18,
        userId:1
      }]
    })
  }
  return (
    <div className="App">
      <div>更新时间: { formatDate(data.queryTime) }</div>
      <button onClick={ onQuery }>查询列表</button>
    </div>
  );
}
```

优化后：

```
const formatDate=(date)=> {
  return date?new Date(date).toISOString():"";
}
function App() {
  const [data, setData] = useState({
    tableList:[],
    queryTime:null
  });

  const onQuery=()=>{
    setData({
      queryTime:new Date(),
      tableList:[{
        userName:" 鬼鬼 ",
        userAge:18,
        userId:1
      }]
    })
  }
  return (
    <div className="App">
      <div> 更新时间：{ formatDate(data.queryTime) }</div>
      <button onClick={ onQuery }>查询列表 </button>
    </div>
  );
}
```

  App 组件是一个 Hooks 组件，优化前，在每次渲染的时候都会重新声明函数 formatDate。如果函数与组件内的 state 和 props 无相关性，那么可以在组件外部声明该函数，这样可以避免在每次渲染的时候都重新声明该无关函数，从而提高组件的性能。

5.4.2　组件更新优化

  有一个父组件，其子组件接收一个函数作为 props。一般而言，如果父组件更新了，子组件（评论组件）也会执行更新。但我们的需求是只要父组件中的 list 数据不更新，就不更新子组件（评论组件）。比如单击评论组件中的头像查看用户信息的时候，是不需要重新渲染子组件的。
  优化前：

```
// 评论组件
const CommentComponent = ({ info, onShowInfo }) => {
  console.log('Render:CommentComponent');
  return (
    <div className='comment-warp'>
    {/* 头像 */}
```

```
      <div onClick={ ()=>onShowInfo(info) }>
        <img alt="" src={ info.userPic }/>
      </div>
    {/* 内容 */}
      <div>
        <div>评论内容:{ info.text }</div>
        <div>评论时间:{ info.createtime }</div>
      </div>
    </div>
  )
}
export default React.memo(CommentComponent)
// 父组件
import React, { useState, useMemo, useCallback } from "react";
import CommentComponent from "./components/CommentComponent";

const App = () => {
  const [list, setList] = useState([]);
  const [userModal, setUserModal] = useState(false);
  const [userInfo, setUserInfo] = useState({});

  const onShowInfo=(info)=>{
    console.log('点击',info)
    // 弹出用户信息框,展示用户信息
    setUserModal(true);
    setUserInfo({...info});
  }

  const onQuery=()=>{
    const mockList=new Array(10).fill({
      userName:"鬼鬼",
      text:"你好世界",
      userPic:"https://p.qqan.com/up/2021-9/16308938147824675.jpg",
      createtime:new Date().toISOString()
    })
    setList(mockList)
  }

useEffect(()=>{
  onQuery();
},[])
return (
  <>
    <p>展示用户信息{ userModal? userInfo:'' }</p>
    <p>用户评论: </p>
  {
    list.map((info,index)=>{
      return <CommentComponent key={index} info={info} onShowInfo={ onShowInfo }/>
    })
  }
```

```
      </>
  )
}

ReactDOM.render(<App />,document.getElementById("root"));
```

在上述代码中，如果单击头像触发了 onShowInfo 函数，则评论组件都会被重新渲染。
运行代码后会得到图 5-3 所示的界面。

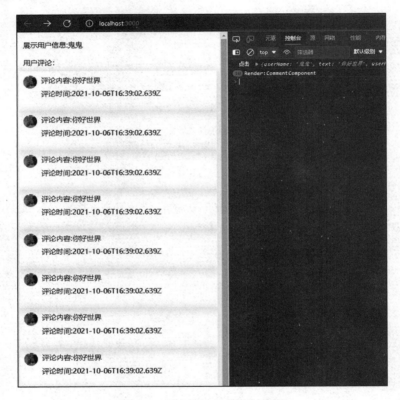

图 5-3　所有评论组件都被更新

我们可以借助 useCallback 来返回函数，然后将这个函数作为 props 传递给子组件，这
样就可以避免对子组件进行不必要的更新了。

优化后：

```
// 评论组件
import React, { useMemo } from "react";
const CommentComponent = ({ info, onShowInfo }) => {
  console.log('Render:CommentComponent');
  return (
    <div className='comment-warp'>
      {/* 头像 */}
```

```
            <div onClick={ ()=>onShowInfo(info) }>
            <img alt="" src={ info.userPic }/>
            </div>
            {/* 内容 */}
            <div>
              <div>评论内容 :{ info.text }</div>
              <div>评论时间 :{ info.createtime }</div>
            </div>
        </div>
    )
}
export default React.memo(CommentComponent)
// 父组件
import React, { useState, useCallback } from "react";
import CommentComponent from "./components/CommentComponent";

const App = () => {
  const [list, setList] = useState([]);
  const [userModal, setUserModal] = useState(false);
  const [userInfo, setUserInfo] = useState({});

const onShowInfo=useCallback((info)=>{
  console.log(' 点击 ',info)
  // 弹出用户信息框, 展示用户信息
  setUserModal(true);
  setUserInfo({...info});
},[])

  const onQuery=()=>{
    const mockList=new Array(10).fill({
      userName:" 鬼鬼 ",
      text:" 你好世界 ",
      userPic:"https://p.qqan.com/up/2021-9/16308938147824675.jpg",
      createtime:new Date().toISOString()
    })
    setList(mockList)
  }


  useEffect(()=>{
    onQuery();
  },[])
  return (
    <>
      <p>展示用户信息 { userModal? userInfo:'' }</p>
      <p>用户评论: </p>
    {
      list.map((info,index)=>{
        return <CommentComponent key={index} info={info} onShowInfo={ onShowInfo }/>
      })
    }
```

```
    </>
  )
}

ReactDOM.render(<App />,document.getElementById("root"));
```

运行上述代码会得到图 5-4 所示的界面。

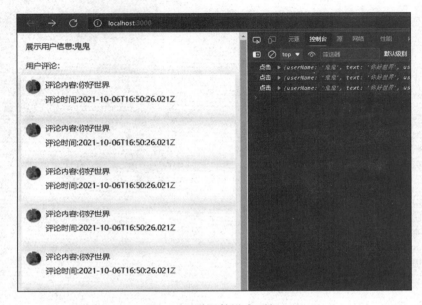

图 5-4　子组件没有更新

5.4.3　针对高频操作做防抖优化

开发常见的业务时，常需要根据输入框中的内容查询对应的结果。因为输入内容是个高频操作，所以需要做防抖优化。我们可以运用 useRef 实现这个优化目标。

对于防抖函数，我们需要做的是设置一个定时器，使事件在触发时延迟发生。在定时器要求的时间内，若事件再次被触发，则清除定时器所设时间并重置定时器，该次触发不执行具体操作。直到定时器到时间仍未被清除，事件才被真正触发。

优化前：

```
const debounce = (fun, delay) => {
  let timer;
  return (...params) => {
    if (timer) {
      clearTimeout(timer);
    }
    timer = setTimeout(() => {
```

```
        fun(...params);
      }, delay);
    };
};
```

如果事件发生时变量频繁变化，那么使用 debounce 可以减少修改次数。我们可以通过传入修改函数以获得一个新的修改函数。

如果是 class 组件，新函数可以挂载到组件 this 上，但是每次渲染时函数式组件的局部变量都会被创建，debounce 就会失去作用。这时可以使用 useRef 来保存成员函数（下文中，throttle 使用 useRef 保存函数），但是这样做不够便捷，于是就有了将 debounce 做成一个 Hooks 的必要。

优化后：

```
import ReactDOM from 'react-dom';
import React, { useState,useRef,useEffect } from "react";

/** 模拟数据 */
const mockUserList = [
  {userName:' 鬼哥 '},
  {userName:' 张三 '},
  {userName:' 李四 '},
  {userName:' 王五 '},
  {userName:' 赵六 '},
  {userName:' 田七 '},
  {userName:' 赵九 '},
  {userName:' 王十 '},
]


/**
 * 防抖函数
 * @param {*} fn    回调函数
 * @param {*} delay 间隔时间
 * @returns
 */
function useDebounce(fn, delay) {
  const { current } = useRef({ fn, timer: null });
  useEffect(function () {
    current.fn = fn;
  }, [fn]);

  return function back(...args) {
    if (current.timer) {
      clearTimeout(current.timer);
    }
    current.timer = setTimeout(() => {
      current.fn.call(this, ...args);
    }, delay);
  }
```

```
}

function App() {
  const [keyName,setKeyName] = useState('');// 搜索内容
  const [userList,setUserList] = useState([]);// 结果数据源

  const onQueryUsers=()=>{
    const filterList = mockUserList.filter((item)=>{
      return item.userName.indexOf(keyName) !== -1
    })
    setUserList(filterList);
  }

  const onChange=useDebounce((value) => {
    console.log(' 重新更新搜索值 ***')
    setKeyName(value);
  }, 300);

  useEffect(() => {
    onQueryUsers()
  },[keyName])

  return (
    <div className="App">
      <input placeholder=" 请输入搜索关键词 " onChange={(e) => {
        onChange(e.target.value);
      }}/>
      <p> 搜索结果 :</p>
      <div className="user-list">
        {
          userList.map((item,index)=>{
          return <div className="user-info"   key={ index }>
              { item.userName }
            </div>
          })
        }
      </div>
    </div>
  )
}

ReactDOM.render( <App />,document.getElementById('root'));
```

在图 5-5 所示搜索框中输入搜索内容，然后查看控制台中的输出日志，发现 300 毫秒内无论输入多少次，都只会有一条日志"重新更新搜索值 ***"。由此可知，在搜索框中输入完成 300 毫秒（指定延迟）后才触发搜索请求，已经达到防抖的目的。

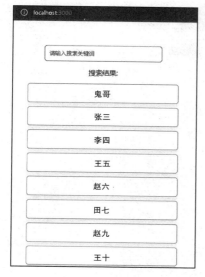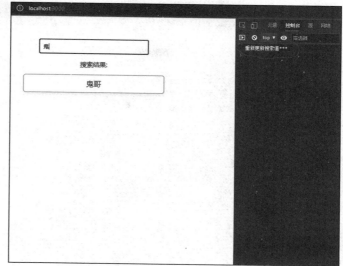

图 5-5　防抖优化后的界面

5.4.4　提高代码可读性和性能

假设我们有一个订单支付页面，此页面可以根据当前订单支付状态展示对应的内容。下面这段代码就是对这个功能的实现。这段代码虽然能够正常工作，但是随着相互依赖的状态变多，setState 中的逻辑会逐渐变得复杂，useEffect 的 deps 数组也会逐渐变得复杂，这不仅会降低代码的可读性，还会使 useEffect 的重新执行时机变得难以预料。

优化前：

```
import ReactDOM from "react-dom";
import React, { useState,useEffect } from "react";
function App() {
  // 支付用户信息
  const [userInfo, setUserInfo] = useState({});
  // 订单信息
  const [orderInfo, setOrderInfo] = useState({});
  // 购买商品信息
  const [orderList, setOrderList] = useState([]);
  // 登录状态
  const [login, setLogin] = useState(false);
  // 登录接口请求状态
  const [loading, setLoading] = useState(false);

  const onLogin=()=>{
    setLoading(true)
    const timeObj=setTimeout(() => {
      setLogin(true);
```

```
      setLoading(false)
      clearTimeout(timeObj);
    }, 1000);
}

const onOrderInfo=()=>{
    const price=orderList.reduce((prev, cur)=>{
        return cur.price+prev
    },0)
    setOrderInfo({price})
}

const onUserInfo=()=>{
    setUserInfo({
        userName:"鬼鬼",
        userCity:"上海"
    })
}

const onQuery=()=>{
    const list=new Array(10).fill({
        title:"华为高端手机",
        price:6580.5,
        tag:"自营"
    })
    setOrderList(list)
}

useEffect(()=>{
    onOrderInfo();
},[orderList])

useEffect(()=>{
    if(login){
        onUserInfo();
        onQuery();
    }else{
        setUserInfo({});
        setOrderInfo({});
        setOrderList([]);
    }
},[login])
return (
    <div className="App">
        {login?<div>
            <div>
                <p>用户信息：</p>
                <p>用户名称：{ userInfo.userName },收货地址：{userInfo.userCity}</p>
            </div>
            <div>
                <p>订单信息：{ orderInfo.price }</p>
```

```
            <p>总计:</p>
        </div>
        <div>
          <p>商品信息: </p>
          {
              orderList.map((item,index)=>{
                return <p key={index}>商品名称:{ item.title },
                    价格:{item.price}</p>
              })
          }
        </div>
      </div>:
      <div>
        <button onClick={onLogin}>登录</button>
        {loading?<p onClick={onLogin}>登录中</p>:''}
      </div>
    }
    </div>
  );
}
```

```
ReactDOM.render(<App />,document.getElementById("root"));
```

运行上述代码会得到图 5-6 所示的界面。

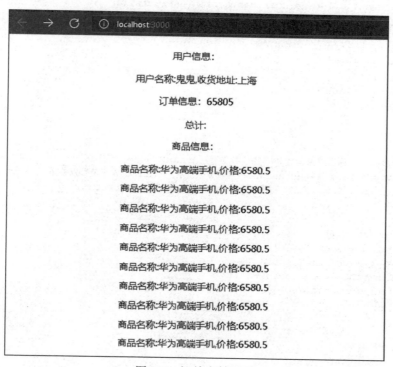

图 5-6　订单支付页面

在前面我们学习过一个 Hooks——useReducer，当有多个状态需要一起更新时，就应该考虑使用 useReducer。使用 useReducer 不仅能提升代码的可读性，还能够提高应用的性能。优化后：

```
import ReactDOM from "react-dom";
import React, { useEffect,useReducer } from "react";

const initData = {
  userInfo:{},
  orderInfo:{},
  orderList:[],
  loading:false,
  login:false
};

// 因为 reducer 是不可变的，所以可以直接将它放在外部
function reducer(state, action) {
  switch (action.type) {
    case "login":
      return { ...state,loading:true };
    case "loginEnd":
      return { ...state,login:true,loading:false };
    case "setUser":
      return { ...state,userInfo:action.userInfo};
    case "setOrder":
      return { ...state,orderList:action.orderList};
    case "reset":
      return initData;
    default:
      throw new Error();
  }
}

function App() {
  // 根据自己的具体需要来确定把哪些状态作为一个 useReducer 类目
  // 不是所有状态都要放到 useReducer 上，部分没有关联性的状态还是可以使用 useState 管理的
  const[state, dispatch] = useReducer(reducer, initData);

  // 登录
  const onLogin=()=>{
    dispatch({type:'login'})
    const timeObj=setTimeout(() => {
      dispatch({type:'loginEnd'})
      clearTimeout(timeObj);
    }, 1000);
  }

  // 查询用户信息
  const onUserInfo=()=>{
    dispatch({
```

```
        type:'setUser',
        userInfo:{
          userName:" 鬼鬼 ",
          userCity:" 上海 "
        }
      })
    }

    // 查询订单
    const onQuery=()=>{
      const orderList=new Array(10).fill({
        title:" 华为高端手机 ",
        price:6580.5,
        tag:" 自营 "
      })
      const price=state.orderList.reduce((prev, cur)=>{
        return cur.price+prev
      },0)
      dispatch({
        type:'setOrder',
        orderList,
        orderInfo:{price}
      })
    }

    useEffect(()=>{
      if(state.login){
        onUserInfo();
        onQuery();
      }else{
        dispatch({type:'reset'})
      }
    },[state.login])
    return (
      <div className="App">
      {state.login?<div>
          <div>
            <p> 用户信息: </p>
            <p> 用户名称 :{ state.userInfo.userName },
               收货地址 :{state.userInfo.userCity}</p>
          </div>
          <div>
            <p> 订单信息: { state.orderInfo.price }</p>
            <p> 总计 :</p>
          </div>
          <div>
            <p> 商品信息: </p>
              {
                state.orderList.map((item,index)=>{
                  return <p key={index}> 商品名称 :{ item.title }, 价格 :{item.price}</p>
```

```
                })
              }
          </div>
      </div>:
      <div>
        <button onClick={onLogin}>登录</button>
        {state.loading?<p>登录中</p>:''}
      </div>
    }
  </div>
 );
}

ReactDOM.render(<App />,document.getElementById("root"));
```

上面的代码整体上更加清晰，可读性更好，业务逻辑基本都聚合到 reducer 中了，所以很直观。

第 6 章 Chapter 6

常见的企业级 Hooks 解读

React Hooks 有很多，想要全都详细了解既不现实，也无必要。一般来说，只要掌握自己常用的即可。本节就来介绍几个企业中常用的 React Hooks。

6.1 constate

constate 是一个基于 React Hooks 和 React Context 的轻量级状态管理库。它的主要功能是将自定义 Hooks 的执行结果传送到 Context 中，并利用 React Context 通信机制将结果提供给子组件消费使用，从而实现跨组件的状态共享。

constate 的仓库地址为 https://github.com/diegohaz/constate。安装 constate 的命令如下。

```
yarn add constate
```

下面来具体讲解如何使用 constate。

（1）导入 constate 并创建一个自定义 Hooks。在正常的项目开发中，我们可以把登录后的用户的信息存储在这个 Hooks 中供全局使用。具体方法如下。

```
function useUser() {
  const [user, setUser] = useState({userName:"鬼鬼"});
  const [token, setToken] = useState("123456789");
  return { token, user };
}
```

（2）以自定义 Hooks 作为参数调用 constate 提供的 createContextHook() 函数，并返回一个新函数 useUserContext<useUserContext.Provider> 作为根组件，由其提供状态共享的容器来共享前面设置的用户信息数据。具体方法如下。

```
const useUserContext = constate(useUser);
function App() {
  return (
    <useUserContext.Provider>
      <>
      </>
    </useUserContext.Provider>
  );
}
```

（3）创建一个页面组件，然后在这个页面组件中使用容器中共享的数据。比如，创建一个名为 layout 的组件，并在该组件中调用 useUserContext() 获取自定义 Hooks useUser 的返回结果，然后使用对应的状态数据即可。这样实现数据的全局通信要简单很多。

```
function Layout(){
  // 调用 useUserContext() 获取自定义 Hooks useUser 的返回结果
  const { user } = useUserContext();
  return (
    <div>
      用户信息:{ user.userName }
    </div>
  );
}
```

最终的实现代码如下。

```
// 导入依赖
import ReactDOM from "react-dom";
import React, { useState } from "react";
import constate from "constate";

// 创建一个自定义 Hooks
function useUser() {
  const [user, setUser] = useState({userName:"鬼鬼"});
  const [theme, setTheme] = useState("white");
  return { user, theme };
}

// 使用 constate 包装自定义 Hooks
const useUserContext = constate(useUser);


// 创建子组件，获取数据并展示
function Layout(){
  // 调用 useUserContext() 获取自定义 Hooks useUser 的返回结果
  const { user } = useUserContext();
  return (
    <div>
      用户信息:{ user.userName }
    </div>
  );
```

```
  }

  function App() {
    return (
      // 设置容器组件
      <useUserContext.Provider>
        <Layout>
        </Layout>
      </useUserContext.Provider>
    );
  }


  // 最终渲染 DOM
  ReactDOM.render(<App />, document.getElementById("root"));
```

以上就是 constate 这个库的简单使用流程。当然 constate 还提供了更加高级的功能，比如传入一个或多个函数，以将自定义 Hooks 值拆分为多个 React Context。

```
  // 导入依赖
  import ReactDOM from "react-dom";
  import React, { useState, useCallback } from "react";
  import constate from "constate";

  // ①创建一个自定义 Hooks
  function useUser() {
    const [user, setUser] = useState({userName:"鬼鬼"});
    const [theme, setTheme] = useState("white");
    return { user, theme };
  }

  // ②用 constate 拆分值来包装 Hooks
  const [CounterProvider, useUserInfo, useTheme] = constate(
    useUser,
    value => value.user,
    value => value.theme
  );


  // ③创建子组件，获取数据并展示
  function Layout(){
    // 调用 useUserContext() 获取自定义 Hooks useUser 的返回结果
    const { user } = useUserInfo();
    return (
      <div>
        用户信息 :{ user.userName }
      </div>
    );
  }

  function App() {
```

```
  return (
    // ④设置容器组件
    <CounterProvider>
      <Layout>
      </Layout>
    </CounterProvider>
  );
}

ReactDOM.render(<App />, document.getElementById("root"));
```

这样可以避免在仅依赖于状态的部分组件上进行不必要的重新渲染。

Hooks 在导入后即可使用，不受组件层级关系的限制。constate 利用这一点，对 React Context 和 useContext 进行了封装，让我们可以在根组件定义 Provider 后，在任意子组件中使用自定义 Hooks 的返回结果。这样做带来两点好处：一是基于 Context 实现了状态共享，二是代码具有可伸缩性。可伸缩意味着刚开始状态可以放在自定义 Hooks 中，像组件内部状态一样使用，而当发现组件内部状态需要被其他组件共享时，通过 constate 将自定义 Hooks 返回的状态提升到 Context 中进行状态共享，则不需要修改自定义 Hooks 的代码即可实现从组件内部状态到共享状态的平滑过渡。

6.2 react-hook-form

复杂表单在前端领域从来都是一个麻烦的问题。由于 React 天然缺少双向绑定功能，所以在 React 中处理复杂表单尤其痛苦。虽然我们常用的 UI 库（如 Ant 或 Ele）都会附带支持表单验证功能，但是通过 react-hook-form 来做这些事情会更加简单、高效。react-hook-form 是一款非常强大的表单验证 Hooks 库，拥有极为丰富的场景化解决方案和十分详细的官方文档。react-hook-form 是专门为校验表单、提交表单设计的，完全替代了原先需要在组件里通过声明状态来接受插入的值的方法，不仅使用起来比传统的 onChange、setState 要方便很多，而且做了进一步的优化，减少了不必要的渲染。

react-hook-form 的优势体现在以下几个方面。

❑ 足够轻量（5KB）以及使用 ref 保存值的特点，使它在性能敏感的场景有足够的吸引力。
❑ 简洁的 API 帮助开发者应对复杂的场景。
❑ 强大的类型支持。
❑ 友善的社区和快速的支持。

下面就来具体学习 react-hook-form。

react-hook-form 的官网为 https://react-hook-form.com/，安装命令如下。

```
yarn add react-hook-form
```

1. 基础使用

下面我们通过一个简单的使用案例来感受一下 react-hook-form 的魅力。

```
import ReactDOM from "react-dom";
import React from "react";
import { useForm } from "react-hook-form";

export default function App() {
  // 从 useForm 中引入验证规则和执行表单验证的函数
  const { register, formState: { errors }, handleSubmit } = useForm();

  const onSubmit = (formData) => {
    console.log(formData)
  };

  return (
    <form onSubmit={handleSubmit(onSubmit)}>
      <p><input placeholder=" 请输入名称 " {...register("userName",{ required: false})}/>
        </p>
      <p>
        <input placeholder=" 请输入年龄 " {...register("userAge",{
          required: true, minLength:1, maxLength: 200 })}/>
        {errors?.userAge && <p> 年龄格式错误 </p>}
      </p>
      <input type="submit" />
    </form>
  );
}

ReactDOM.render(<App />, document.getElementById("root"));
```

比起 Ant 的 getFieldDecorator，上述代码是不是简洁多了？react-hook-form 把组件的值保存在 ref 中，因此会在组件内部变化时避免将整个视图重绘，这会给大型表单项目带来可观的性能收益，而且 react-hook-form 还暴露了大量的内部 API，使对表单的自定义变得更加可控。

2. 自定义验证规则

react-hook-form 支持的验证规则如下。

- ❏ required：是否验证。
- ❏ min：最小值。
- ❏ max：最大值。
- ❏ minLength：最小字符长度。
- ❏ maxLength：最大字符长度。
- ❏ pattern：正则表达式。
- ❏ validate: 自定义验证函数。

react-hook-form 为了具有更加灵活的验证场景，提供了自定义验证规则。该验证规则的使用方法大致如下：在 register 中配置 validate 属性，并指向一个自定义函数。

```
export default function App() {
  const { register, handleSubmit } = useForm();
  const onSubmit = data => {
      console.log(data)
  };

  const validate=(input)=>{
    // 验证通过返回 true，验证失败返回 fasle
    return true
  }
  return (
    <form onSubmit={handleSubmit(onSubmit)}>
      <input {...register("userName", { required: true,validate:validate })} />
      <input type="submit" />
    </form>
  );
}
```

3. 正则表达式规则

在 register 中配置 pattern 属性并设置一个合规的正则表达式即可。

```
export default function App() {
  const { register, handleSubmit } = useForm();
  const onSubmit = data => {
      console.log(data)
  };
  return (
    <form onSubmit={handleSubmit(onSubmit)}>
      <input {...register("userName", { pattern: /^[A-Za-z]+$/i })} />
      <p>{errors.userAge?.userName === 'required' && " 姓名格式错误 "}</p>
      <input type="submit" />
    </form>
  );
}
```

4. 场景对比——动态增减表单项

在复杂表单开发中，常常会遇到需要动态增减表单项的情况。比如，登记一组用户（users），每个用户（user）都有年龄（age）、名称（name）等属性，且用户在填写表单的过程中能够对这些内容进行编辑、新增、删除和排序。react-hook-form 使用另一个自定义 Hooks——useFieldArray 来专门处理这个问题。

```
import ReactDOM from "react-dom";
import React from "react";
import { useForm } from "react-hook-form";
```

```
function App() {
  const { register } = useForm();

  const { fields, append, prepend, remove, swap, move, insert } = useFieldArray({
      name: "userForm",
  });

  return (
    {fields.map((field, index) => (
      <input key={field.id}  {...register(`userForm[${index}].value`),{ required:
      true}} />
    ))}
  );
}
```

useFieldArray 提供了几乎所有该场景下的功能，让所有的操作都变得简单了。

6.3　use-debounce

短时间内高频率地触发事件可能会导致不良后果。具体到开发中，如果数据一直处于高频率更新的状态，那么可能会引发如下问题。

❑ 前后端数据交互频率过高，导致流量浪费。

❑ 界面高频率渲染更新，引发页面延迟、卡顿或假死等状况，影响体验。

所以我们需要引入防抖函数来帮助前端有效优化性能，避免性能浪费。use-debounce 就是 Hooks 版本的解决防抖问题的 Hooks 库。

use-debounce 的仓库地址为 https://github.com/xnimorz/use-debounce，安装的方法如下。

```
yarn add use-debounce
```

下面来介绍如何使用 use-debounce。

1. 输入内容防抖

假设我们有这样一个场景：根据输入框中的输入内容实时搜索对应的匹配数据。它的实现步骤如下。

（1）导入依赖，具体如下。

```
import ReactDOM from "react-dom";
import React, { useState,useEffect } from "react";
import { useDebounce } from "use-debounce";
```

（2）编写一个输入框，然后把值绑定到 state 中，使用 useEffect 监听 state 的值更新，然后触发对应的搜索事件。

```
export default function App() {
  // ①设置输入框的 state, 并且设置默认值 ""
  const [text, setText] = useState("");

  // ②使用 useDebounce 绑定对应的 state 对象, 第二个参数设置间隔触发时间, 单位为毫秒
  const [value] = useDebounce(text, 500);

  // ③执行对应的搜索函数
  const onQuery = () => {
    console.log(" 根据输入框内容搜索 ")
  }

  // ④使用 useEffect 监听 useDebounce 返回的 state, 并执行对应的搜索函数
  useEffect(() => {
    onQuery()
  }, [value]);

  return (
    <div>
      <input
        onChange={(e) => {
          setText(e.target.value);
        }}
      />
      <p> 当前输入值 : { text }</p>
      <p> 旧的输入值 : { value }</p>
    </div>
  );
}
ReactDOM.render(<App />, document.getElementById("root"));
```

2. 滚动防抖

在很多实际开发场景中，需要实时监听当前浏览器窗口的滚动，获取滚动条位置，判断是否展示对应的 DOM 元素。像这样的场景，由于滚动触发的动作是非常频繁的，所以我们必须使用防抖函数处理。现在使用 use-debounce 看看如何具体使用。

（1）导入依赖，具体如下。

```
import ReactDOM from "react-dom";
import React, { useState,useRef,useEffect } from "react";
import { useDebouncedCallback } from "use-debounce";
```

（2）定义一个 state 用于存储滚动位置，并使用 useDebouncedCallback 函数设置防抖触发的函数。

```
function App() {
  // ①设置输入框的 state, 并且设置默认值 ""
  const [position, setPosition] = useState(0);

  // ②useDebouncedCallback 函数设置防抖触发的函数
```

```
const debounced = useDebouncedCallback(() => {
    setPosition(window.pageYOffset);
},800);

// ③在 useEffect 中绑定和解绑 scroll 事件
useEffect(() => {
  window.addEventListener("scroll",debounced)
  return () => {
    window.removeEventListener("scroll",debounced);
  };
}, []);

return (
  <div style={{ height: 10000 }}>
    <div style={{ position: 'fixed', top: 0, left: 0 }}>
      <p>滚动位置：{position}</p>
    </div>
  </div>
 );
}

ReactDOM.render(<App />, document.getElementById("root"));
```

use-debounce 这个库不仅提供了对 state 变量的防抖处理，而且提供了针对各场景的独立解决方案，总体功能非常强大，非常推荐在适合的项目中使用。

6.4　useLocalStorage

useLocalStorage 是一个用于处理本地存储数据的 Hooks 工具包，有了它，我们无须再关心数据的序列化的问题。我们只需要像正常存取 JSON 对象一样存取本地存储数据，操作本地存储数据变得更加简单。

useLocalStorage 的仓库地址为 https://github.com/rehooks/local-storage，安装方法如下：

```
yarn add @rehooks/local-storage
```

1. 基础使用

我们来实现一个设置本地缓存并存储数据的简单过程。

（1）导入依赖，具体方法如下。

```
import ReactDOM from "react-dom";
import React, { useState } from "react";
import { writeStorage,useLocalStorage } from '@rehooks/local-storage';
```

（2）使用 useLocalStorage 创建本地缓存对象，使用 writeStorage 设置本地缓存对象的数据。具体方法如下。

```
export default function App() {
  // ①使用 useLocalStorage 创建一个本地缓存对象
  const [userName] = useLocalStorage('userName');

  // ②使用 writeStorage 设置本地缓存对象的值
  const onWrite=()=>{
    writeStorage('userName',' 鬼鬼 ')
  }

  return (
    <div>
      <span>{ userName }</span>
      <button onClick={ onWrite }>
        点击修改
      </button>
    </div>
  );
}

ReactDOM.render(<App />, document.getElementById("root"));
```

useLocalStorage 返回一个本地缓存对象的值，如果本地缓存中没有这个对象，则默认为空字符串。

2. 存储复杂数据结构

前面我们用 useLocalStorage 存储了简单的字符串，但其实用它存储复杂的数据结构也十分简单。下面来存储较复杂的 JSON 数据，比如存储一个表格的数据。

（1）导入依赖。具体方法如下。

```
import ReactDOM from "react-dom";
import React, { useState } from "react";
import { writeStorage,useLocalStorage } from '@rehooks/local-storage';
```

（2）使用 useLocalStorage 创建本地缓存对象，使用 writeStorage 设置本地缓存对象的数据。具体方法如下。

```
export default function App() {
  // ①使用 useLocalStorage 创建一个本地缓存对象
  const [tableList] = useLocalStorage('tableList',[{userName:" 鬼鬼 "}]);

  // ②使用 writeStorage 设置本地缓存对象的值
  const onWrite=()=>{
    writeStorage('tableList',[{userName:" 鬼鬼修改 "}])
  }

  return (
    <div>
      <span>{ userName }</span>
      length:{{tableList.length}}
```

```
        <button onClick={ onWrite }>
          点击修改
        </button>
      </div>
    );
}

ReactDOM.render(<App />, document.getElementById("root"));
```

useLocalStorage 还提供了很多有用的函数，我们可以查看官方文档学习如何使用。当然我们也可以学习它们的源码，以便于自己实现 Hooks。

6.5　react-useportal

在学习 react-useportal 这个 Hooks 前，我们先要了解什么是 Portal。

Portal 是 React 提供的一种将子节点渲染到存在于父组件以外 DOM 节点的方案。

在 CSS 中，我们可以使用 position: fixed 等定位方式让元素从视觉上脱离父元素。在 React 中，Portal 直接改变了组件的挂载方式，不再挂载到上层父节点上，而是可以让用户指定一个挂载节点。react-useportal 就是对 Portal 的一个 Hooks 封装版本，它使创建下拉菜单、模态、通知弹出窗口、工具提示等变得非常容易。它还提供了在应用程序的 DOM 层次结构之外创建元素的信息（react docs）。

比如，在某个场景下，父元素的 overflow: hidden 或 z-index 属性被设置，这会影响子元素。如果我们不希望这样，可以使用 Portal 这个库让子元素跳出父元素的内容范围。常用的场景有模态框（Modal）、弹框（Popover）和抽屉（Drawer）等。

react_useportal 的仓库地址为 https://github.com/alex-cory/react-useportal，安装方法如下。

```
yarn add react-useportal
```

1. 基础使用方法

现在我们通过一个简单的案例来学习 react-useportal。首先创建一个实例对象，看看它有什么特别之处。

（1）导入依赖。

```
import ReactDOM from "react-dom";
import usePortal from 'react-useportal'
```

（2）通过 usePortal 创建实例对象并挂载 DOM。

```
const App = () => {
  const { Portal } = usePortal()
```

```
  return (
    <Portal>
      弹框内容
    </Portal>
  )
}

ReactDOM.render(<App />, document.getElementById("root"));
```

usePortal 创建的实例对象默认挂载在 body 同级元素下。例如，从图 6-1 中的 DOM 元素结构可以看出，Portal 的节点内容并不是默认挂载在 root 节点上的，而是挂载在 body 同级元素上的。

图 6-1 usePortal

我们也可以指定挂载位置，这也是它的特别之处。

2. 自定义挂载位置

在 usePortal 的构造函数中，可以通过 bindTo 属性指定 DOM 挂载位置。
（1）导入依赖。

```
import ReactDOM from "react-dom";
import usePortal from 'react-useportal'
```

（2）通过 usePortal 创建实例对象，并通过 bindTo 属性指定挂载的 DOM 位置。这里我们把当前的弹框挂载到了 id 为 modal-dom 的 DOM 节点上。

```
const App = () => {
  const { Portal } = usePortal({
    bindTo: document && document.getElementById('modal-dom')
  })
```

```
  return (
    <Portal>
      弹框内容
    </Portal>
  )
}
ReactDOM.render(<App />, document.getElementById("root"));
```

这样做的目的其实很简单：保证 CSS 样式的绝对隔离。具体步骤是，先把内容元素挂载到一个唯一标识的 DOM 节点上，然后为这个唯一标识 DOM 设置对应的样式。这种方式不仅能让 DOM 层级清晰，也有助于提升代码的可读性。

3. 根据状态切换显示弹框

根据单击的按钮触发事件，接着改变对应的 state 值，然后组件根据 state 的值决定是否渲染弹框元素。

（1）导入依赖，具体代码如下。

```
import ReactDOM from "react-dom";
import usePortal from 'react-useportal'
```

（2）usePortal 默认附带了这些功能。usePortal 不仅提供了处理弹框的 state，还提供了关闭和打开弹框的函数（更多细节可以参考官方文档）。具体代码如下。

```
const App = () => {
  const { openPortal,closePortal,isOpen,Portal } = usePortal()

  return (
    <button onClick={ openPortal }>
      打开弹框
    </button>

    { isOpen ?<Portal>
      <p>
        弹框内容
        <button onClick={closePortal}>关闭弹框</button>
      </p>
    </Portal>:<></> }
  )
}

ReactDOM.render(<App />, document.getElementById("root"));
```

以上创建了一个按钮元素，然后单击按钮元素，触发弹框的 isOpen 状态更新。

6.6 useHover

useHover 的作用是追踪 DOM 元素是否有鼠标悬停的 Hooks。虽然功能简单，但如果你有足够的创造力，它可能会很强大。它还提供了悬停效果的延迟。

useHover 的仓库地址为 https://github.com/andrewbranch/react-use-hover，安装方法如下。

```
yarn add react-use-hover
```

下面介绍 useHover 的基础使用方法。

（1）导入依赖。

```
import ReactDOM from "react-dom";
import useHover from "react-use-hover";
```

（2）通过 useHover，我们在给一个元素设置鼠标悬停效果的时候，触发对应的状态更新。

```
const App = () => {
  // 使用 useHover 创建实例对象，然后导出对应的 state 和 props 值
  const [isHovering, hoverProps] = useHover();
  return (
    <>
      <span {...hoverProps} aria-describedby="overlay">Hover 元素 </span>
      { isHovering ? <div> 鼠标悬停后显示内容！ </div> : null}
    </>
  );
}

ReactDOM.render(<App />, document.getElementById("root"));
```

比起绑定 DOM 事件的方式，使用 useHover 的方式看上去简单多了。

6.7 React router hooks

React router hooks 是 React 中最受欢迎的库之一。它用于路由和获取应用程序的 URL 历史记录等。它与 Redux 一起实现了用于获取此类有用数据的 Hooks。它提供的主要功能如下。

❑ useHistory：获取应用程序历史记录和方法的数据，例如推送到新路由。

❑ useLocation：返回当前 URL 的对象。

❑ useParams：返回当前路径的 URL 参数的键 - 值对的对象。

❑ useRouteMatch：尝试将当前 URL 与给定 URL 进行匹配。给定 URL 可以是字符串，也可以是具有不同选项的对象。

React router hooks 的仓库地址为 https://github.com/ReactTraining/react-router，安装方法如下。

```
yarn add react-router
```

下面来一一学习对应的 Hooks。

1. useHistory 的使用

useHistory 钩子返回浏览器的历史记录 [history] 对象，可以使用 useHistory 进行路由导航。

（1）导入依赖。

```
import ReactDOM from "react-dom";
import { useHistory } from "react-router-dom";
```

（2）使用 useHistory 创建导航对象，然后在页面中添加一个按钮。单击按钮触发对应的事件，然后在事件中执行对应的路由跳转（假设已经配置了对应的路由）。history.push 的参数可以是一个字符串，也可以是一个对象；如果是对象，对象内可以有 params、query、path 等字段，具体细节可以参考官方文档。

```
function App() {
  // ①创建导航对象
  let history = useHistory();

  // ②触发点击事件，执行导航跳转路由页面
  function handleClick() {
    history.push("/home");
    // history.push({params:{},query:{},path:"/home"})
  }

  return (
    <button type="button" onClick={handleClick}>
    路由跳转
    </button>
  );
}

ReactDOM.render(<App />, document.getElementById("root"));
```

2. useLocation 的使用

useLocation 这个 Hooks 返回的 location 表示当前 URL 对象。我们可以将 useLocation 视为一个 useState，每当 URL 更改时，它都会返回一个 URL 对象。例如你希望在加载新页面时监视页面 URL 的变化，然后处理对应的业务功能。下面看看如何使用 useLocation。

（1）导入依赖。

```
import React,{useEffect} from 'react';
```

```
import ReactDOM from 'react-dom';
import { BrowserRouter, Link, Route, Switch, useLocation } from 'react-router-dom';
```

（2）使用 useLocation 返回 URL 对象，然后监听 URL 的变化。如果当前 URL 中的参数发生了变化，则重新执行查询操作。因为 useLocation 必须在 Router 内使用，所以这里我们创建了一个简单的路由。

```
// 创建路由页面
const Home = () => {
  //useLocation 返回 URL 对象
  let location = useLocation();

  const onQuery = ()=>{
    console.log(" 请求数据查询操作 ")
  }

  // 使用 useEffect 监听 URL 的变化，如果变化则执行新的查询函数
  useEffect(() => {
    onQuery();
  }, [location]);

  return <div> 首页 </div>;
};

const App = () => {
  return (
    <BrowserRouter>
      <h1>××××管理系统 </h1>
      <ul>
        <li>
          <Link to="/Home?id=1"> 跳转首页 </Link>
        </li>
        <li>
          <Link to="/Home?id=2"> 改变 URL 跳转首页 </Link>
        </li>
      </ul>
      <Route exact path="/Home/:id">
        <Home />
      </Route>
    </BrowserRouter>
  );
};

ReactDOM.render(<App />, document.getElementById("root"));
```

3. useParams 的使用

useParams 返回 Route 中动态参数的引用对象，一般我们将它用于在页面跳转中传递参数，然后在跳转页面中获取对应参数。

（1）导入依赖。

```
import React,{ useEffect } from "react";
import {
  HashRouter as Router,
  Switch,
  Route,
  useParams
} from "react-router-dom";
```

（2）通过 useParams 在组件第一次加载的时候获取路由页面参数值。

```
// 创建路由页面
const Home=()=>{
  // 使用 useParams 获取参数对象
  const { id } = useParams();

  useEffect(() => {
    console.log(' 当前页面参数 ',id)
  }, []);

  return <div> 跳转到首页 </div>;
}

function App() {
  // 或者通过触发事件的方式执行路由跳转
  const handleClick=()=> {
    history.push({path:"/home",params:{
      id:"1"
    }})
  }
  return (
    <Router>
      <ul>
        <li>
          <Link to="/Home/1"> 跳转到首页 </Link>
        </li>
        <li>
          <button type="button" onClick={handleClick}>
              路由跳转
          </button>
        </li>
      </ul>
      <Switch>
        <Route exact path="/home/:id">
          <div> 首页 </div>
        </Route>
      </Switch>
    </Router>
  )
}

ReactDOM.render(<App />, document.getElementById("root"));
```

Link 使用链接的方式跳转和点击按钮触发 handleClick 函数的方式跳转没有本质区别，此处仅仅用于展示如何设置传递的 params 数据。

4. useRouteMatch 的使用

useRouteMatch 接受一个 path 字符串作为参数。当参数的 path 与当前的路径相匹配时，useRouteMatch 会返回 match 对象，否则返回 null。

useRouteMatch 虽然不是路由页面组件，但是在组件自身的显示与隐藏和当前路由路径相关联时，非常有用。

比如，你在做一个后台管理系统，网页的 Header 在登录页上不显示，但在登录完成后的页面上显示，这种场景下就可以使用 useRouteMatch。

useRouteMatch 的使用示例如下。

（1）导入依赖。

```
import React from "react";
import {
  HashRouter as Router,
  Switch,
  Route,
  useRouteMatch
} from "react-router-dom";
```

（2）编写具体路由页面。

```
// Header 组件在匹配 `/login` 时隐藏
const Header = () => {
  // 只有当前路径匹配 `/login` 时, match 不为 null
  const match = useRouteMatch('/login')
  return (
    match?<></>:<div>Header</div>
  )
}

const login = () => {
  return (
    <div> 请输入账号密码 </div>
  )
}

const Home = () => {
  return (
    <div>Home</div>
  )
}

function App() {
  return (
    <div className="App">
```

```
        <Router>
          <Header/>
          <Switch>
            <Route exact path="/" component={Home}/>
            <Route exact path="/login" component={login}/>
          </Switch>
        </Router>
      </div>
    );
}

ReactDOM.render(<App />, document.getElementById("root"));
```

6.8　use-http

　　use-http 是一个非常有用的 HTTP 请求软件包，可用来替代原生的 Fetch 请求。它的功能非常强大，几乎涵盖了所有常见的业务场景需求。它提供的主要功能如下：

- ❑ SSR（服务器端渲染）支持；
- ❑ TypeScript 支持；
- ❑ GraphQL 支持（查询 + 突变）；
- ❑ 请求 / 响应拦截器；
- ❑ React 原生支持；
- ❑ 在卸载组件时中止 / 取消挂起的 HTTP 请求；
- ❑ 内置缓存；
- ❑ 持久缓存支持；
- ❑ 重试功能。

use-http 的仓库地址为 https://github.com/ava/use-http，安装方法如下。

```
yarn add use-http
```

下面我们就来尝试几个常见的使用场景。

1. 基础用法

导入依赖。

```
import ReactDOM from "react-dom";
import useFetch from 'use-http'
```

　　下面的代码使用 useFetch 创建一个基础的请求。useFetch 默认的请求类型为 GET 类型。useFetch 返回当前接口的数据 data、当前接口的错误信息 error、当前接口的请求状态 loading。我们根据请求状态 loading 显示对应的加载状态文字信息，最终展示返回的数据，渲染到 DOM 中。

```
function App() {
  const options = {}
  const { loading, error, data = [] } = useFetch('https://example.com/todos', options, [])
  return (
    <>
    { error}
    { loading && 'Loading...' }
    { data.map(todo => (
      return <div key={todo.id}>{todo.title}</div> )
      )
    }
    </>
  )
}

ReactDOM.render(<App />, document.getElementById("root"));
```

2. 请求 / 响应拦截器

在常规的企业开发中，请求响应拦截是一个非常常见的功能，比如在验证当前账号的登录状态时就会用到。

use-http 提供了一个状态共享容器 Provider，它能够设置拦截所有被包裹的组件中的所有请求。Provider 的具体使用方法如下。

（1）导入依赖。

```
import ReactDOM from "react-dom";
import { Provider },useFetch from 'use-http';
```

（2）在根组件中放置 use-http 提供的状态共享容器 Provider，然后设置全局的通用拦截配置。

```
function App() {
  const token = localStorage.getItem('token')
  const globalOptions = {
  interceptors: {
    request: ({ options }) => {
      console.log(" 这个请求被拦截了 ++")
      // 此处可以根据业务需要，在拦截器中设置自定义头等
      options.headers = { Authorization: 'Bearer YOUR_AUTH_TOKEN' }
      return options
    },
    response: ({ response }) => {
      // 此处可以根据业务需要，在拦截器中统一处理返回的数据
      return response
    }
  }
```

```
  }

  return (
    // Provider 包裹内的任何请求都会进拦截器
    <Provider url='http://example.com' options={globalOptions}>
      <HomeComponent />
    </Provider>
  )
}

ReactDOM.render(<App />, document.getElementById("root"));
```

（3）创建子组件 HomeComponent，并在子组件中发起请求。

```
const HomeComponent=()=>{
  // 此请求会进拦截器
  const { loading, error, data = [] } = useFetch('https://example.com/todos')
  return (
    <></>
  )
}
```

3. 请求重试

请求重试场景在实际的业务开发中也很常见，比如后端服务不稳定，为了让页面交互更友好，就会允许请求重试。一般当接口发生异常的时候，为了保证当前业务的完整性，我们可以设置在接口发生错误时允许重试发起请求，以保证当前业务的正常执行。

use-http 在请求重试场景中的使用方法如下。

（1）导入依赖。

```
import ReactDOM from "react-dom";
import useFetch from 'use-http';
```

（2）通过 useFetch 中的第二个参数配置请求重试规则，当然这些请求重试规则也可以放置到 Provider 全局配置中。

```
const Test = () => {
  const { response, loading, get } = useFetch('https://httpbin.org/status/305', {
    retries: 2, // 重试的次数
    interceptors: {
      request: ({ options }) => {
        options.headers = {
          Authorization: 'Bearer 你的token'
        }
        return options
      },
      response: ({ response }) => {
        return response
      }
    },
```

```
      retryOn({ attempt, error, response }) {// 出现哪些状态码时重试
        return response && response.status >= 300
      },
      retryDelay() {// 重试的间隔时间
        return 1000
      },
      timeout:6000,           // 请求超时时间
      responseType:"json"    // 返回数据类型
  })

  return (
    <>
      <Button onClick={() => get()}>Click</Button>
      {loading && 'Loading...'}
      {!loading && (
        <>
          <pre>response: {JSON.stringify(response, null, 2)}</pre>
        </>
      )}
    </>
  )
}

const App = () => {
  return (
    <Test />
  );
};

ReactDOM.render(<App />, document.getElementById("root"));
```

对于上述代码中的主要参数和函数说明如下。

❑ timeout：在此时间后，请求将被中止/取消。这也是将要进行的间隔，以毫秒为单位。如果设置为 0，则除浏览器默认值外，它不会超时。

❑ retryOn：可以对某些 HTTP 状态码重试。

❑ retryDelay：重试的间隔时间。

❑ responseType：接口返回数据格式类型。

❑ loading：请求状态。

❑ response：请求返回的数据。

❑ interceptors.request：设置发送请求前执行的操作。

❑ interceptors.response：设置发送请求后执行的操作。

6.9 React Use

React Use 是一个在 GitHub 上拥有将近 4 万颗星的 Hooks 工具包，是一个必不可少的 React Hooks 集合。它的功能非常强大，包含传感器、UI、动画、副作用、生命周期、状态

六大类 Hooks，几乎涵盖了所有的前端业务需求。React Use 也是市面上最成熟的 Hooks 库之一。

　　React Use 的仓库地址为 https://github.com/zenghongtu/react-use-chinese，安装方法如下。

```
yarn add react-use
```

传感器类目的 Hooks 如下。

❑ useBattery：跟踪设备的电池状态。

❑ useGeolocation：跟踪用户设备的地理位置状态。

❑ useHover 和 useHoverDirty：跟踪某个元素的鼠标悬停状态。

❑ useIdle：跟踪用户是否处于非活动状态。

❑ useIntersection：跟踪 HTML 元素的交集。

❑ useKey、useKeyPress、useKeyboardJs 和 useKeyPressEvent：跟踪按键。

❑ useLocation 和 useSearchParam：跟踪页面导航栏位置状态。

❑ useLongPress：跟踪某个元素的长按手势。

❑ useMedia：跟踪 CSS 媒体查询的状态。

❑ useMediaDevices：跟踪连接的硬件设备的状态。

❑ useMotion：跟踪设备的运动传感器的状态。

❑ useMouse 和 useMouseHovered：跟踪鼠标位置的状态。

❑ useNetwork：跟踪用户的网络连接状态。

❑ useOrientation：跟踪设备屏幕方向的状态。

❑ usePageLeave：当鼠标离开页面边界时触发。

❑ useScroll：跟踪 HTML 元素的滚动位置。

❑ usescrolling：跟踪 HTML 元素是否正在滚动。

❑ useSize：跟踪 HTML 元素的大小。

❑ useStartTyping：检测用户何时开始键入。

❑ useWindowScroll：跟踪窗口滚动位置。

❑ useWindowSize：跟踪窗口尺寸。

❑ useMeasure：使用 Resize Observer API 跟踪 HTML 元素的维度。

❑ createBreakpoint：跟踪 DOM 元素的 innerWidth。

❑ useScrollbarWidth：检测浏览器的本机滚动条宽度。

UI 类目的 Hooks 如下。

❑ useAudio：播放音频并公开其控件。

❑ useClickAway：当用户在目标区域外单击时触发回调。

- useCss：动态调整 CSS。
- useDrop 和 useDropArea：处理文件拖曳、文字内容粘贴。
- useFullscreen：全屏显示元素或视频。
- useSlider：在任何 HTML 元素上提供滑动行为。
- useSpeech：从文本字符串合成语音。
- useVibrate：使用 Vibration API 提供物理反馈。
- useVideo：播放视频，跟踪其状态，并公开播放控件。

动画类目的 Hooks 如下。

- useRaf：在每个 requestAnimationFrame（RAF）上重新呈现组件。
- useInterval 和 useHarmonicIntervalFn：使用 setInterval 在设置的间隔上重新渲染组件。
- useSpring：根据 spring dynamics 随时间插值。
- useTimeout：超时后重新呈现组件。
- useTimeown：超时后调用给定函数。
- useTween：重新渲染组件，同时将数字从 0 变为 1。
- useUpdate：返回回调，在调用时重新呈现组件。

副作用类目的 Hooks 如下。

- useAsync、useAsyncFn 和 useAsyncRetry：解析异步函数。
- useBeforeUnload：当用户尝试重新加载或关闭页面时显示浏览器警报。
- useCookie：提供读取、更新和删除 cookie 的方法。
- useCopyToClipBoard：将文本复制到剪贴板。
- useDebounce：对函数进行消噪。
- useError：错误调度程序。
- useFavicon：设置页面的 favicon。
- useLocalStorage：管理 localStorage 中的值。
- useLockBodyScroll：锁定 body 元素的滚动。
- useRafLoop：在 RAF 循环中调用给定的函数。
- useSessionStore：管理 SessionStore 中的值。
- useThrottle 和 useThrottleFn：限制函数。
- useTitle：设置页面标题。
- usePermission：查询浏览器 API 的权限状态。

生命周期类目的 Hooks 如下。

- useEffectOnce：一个只运行一次的修改的 useEffect 钩子。
- useEvent：订阅事件。
- useLifecycles：调用 mount 和 unmount 回调。
- useMountedState 和 useUnmountPromise：如果已挂载组件，则跟踪。

❑ usePromise：仅在安装组件时解析 promise。

❑ useLogger：在组件经历生命周期时登录控制台。

❑ useMount：调用 mount 回调。

❑ useUmount：调用 unmount 回调。

❑ useUpdateEffect：仅对更新运行效果。

❑ useIsomorphicLayoutEffect：在服务器端呈现时不显示警告的 useLayoutEffect。

❑ useDeepCompareEffect、useShallowCompareEffect 和 useCustomCompareEffect：根据对其依赖项的深入比较运行一个效果。

状态类目的 Hooks 如下。

❑ createMemo：记忆钩子工厂。

❑ createReducer：带有定制中间件的 reducer 钩子工厂。

❑ createReducerContext 和 createStateContext：组件之间共享状态的钩子工厂。

❑ useDefault：当 state 为空或未定义时返回默认值。

❑ useGetSet：返回 getter get() 状态而不是原始状态。

❑ useGetSetState：就好像是 useGetSet 和 useSetState 的结合体。

❑ usePrevious：返回以前的状态或道具。

❑ useObservable：跟踪可观测数据的最新值。

❑ useRafState：创建仅在 requestAnimationFrame 之后更新的 setState 方法。

❑ useSetState：类似于 this.setState 的 setState 实现方法。

❑ useStateList：循环遍历数组。

❑ useToggle 和 useBoolean：跟踪布尔值的状态。

❑ useCounter 和 useNumber：跟踪数字的状态。

❑ useList 和 useUpsert：跟踪数组的状态。

❑ useMap：跟踪对象的状态。

❑ useSet：跟踪集合的状态。

❑ useQueue：实现简单队列。

❑ useStateValidator：跟踪对应 state 对象的状态。

❑ useStateWithHistory：存储以前的状态值并提供用于遍历这些值的句柄。

❑ useMultiStateValidator：类似于 useStateValidator，但一次跟踪多个状态。

❑ useMediatedState：与常规 useState 类似，但具有自定义函数中介。

❑ useFirstMountState：检查当前渲染是否为第一个。

❑ useRendersCount：count 组件渲染。

❑ createGlobalState：跨组件共享状态。

❑ useMethods：useReducer 的完美替代品。

从学习的角度来说，这个项目的源代码是非常值得学习的。

6.10 ahooks

ahooks 是阿里巴巴前端团队开源的一个 React Hooks 库，致力于提供常用且高质量的 Hooks。它的整体功能非常强大，文档非常详细，对新手非常友好，而且迭代速度很快，所以非常推荐大家使用。

ahooks 提供的主要功能如下：

❑ 支持实际开发中 95% 以上的需求；

❑ 易学易用；

❑ 支持 SSR；

❑ 对输入 / 输出函数做了特殊处理，避免闭包问题；

❑ 包含大量提炼自业务的高级 Hooks；

❑ 包含丰富的基础 Hooks；

❑ 使用 TypeScript 构建，提供完整的类型定义文件。

ahooks 的仓库地址为 https://github.com/alibaba/hooks/，安装方法如下。

```
yarn add ahooks
```

对于 ahooks 这里就不展开介绍了，大家可以自行学习。

第 7 章 *Chapter 7*

企业级 React Hooks 项目架构与实战

这是本书的最后一章，为了帮助大家深入理解前面所讲的内容，本章专门安排了一个真实的企业级项目。该项目是一个电商后台管理系统。虽然限于篇幅，这里不可能呈现项目的所有细节，但是会尽力原汁原味地呈现其中的重点内容。下面就让我们开始吧。

7.1 创建项目

为了更好地运用前面学到的知识，我们现在一步步搭建一个基于 react hooks ts 的项目模块，并运用该模块实现一个简单的电商后台管理系统。

为了确保项目能够正常运行，请先确认开发环境是否合适，推荐使用 Node.js 12 及以上版本、npm 6.14 及以上版本。接下来就开始创建项目了。

（1）安装脚手架。通过 Node.js 自带的 npm 命令安装 React 官方脚手架 react-app，具体命令如下，其中，-g 表示进行全局安装。

```
npm install -g create-react-app
```

（2）通过脚手架创建项目。这里创建一个 TypeScript 的项目模板，名称为 my-react-hooks-ts，具体实现代码如下。

```
npm init react-app my-react-hooks-ts --template typescript
```

（3）进入项目目录，具体命令如下。

```
cd my-react-hooks-ts
```

（4）在 src/App.tsx 项目入口文件中暂时只放置一段简单的文字描述，然后导出方法，具体实现代码如下。

```
import React from 'react';

function App() {
  return (
    <div className="App">
      <header className="App-header">
        你好中国
      </header>
    </div>
  );
}


export default App;
```

（5）在入口的 index.tsx 文件中使用 ReactDOM 将导出组件挂载到 DOM 上。
src/index.tsx 的内容如下。

```
// 导入依赖
import React from 'react';
import ReactDOM from 'react-dom';
// 导入入口组件
import App from './App';
// reportWebVitals 脚手架默认自带的检测项目质量的包
import reportWebVitals from './reportWebVitals';

ReactDOM.render(
  <React.StrictMode>
    <App />
  </React.StrictMode>,
  document.getElementById('root')
);


reportWebVitals();
```

关于 **VS Code** 编辑器 ts 配置文件的具体内容可参考 TypeScript 官网的介绍，地址为 https://www.tslang.cn/docs/handbook/tsconfig-json.html。
src/tsconfig.json 的内容如下。

```
{
  "compilerOptions": {
    "target": "es5",
    "lib": [
      "dom",
      "dom.iterable",
      "esnext"
    ],
    "allowJs": true,
    "skipLibCheck": true,
    "esModuleInterop": true,
```

```
      "allowSyntheticDefaultImports": true,
      "strict": true,
      "forceConsistentCasingInFileNames": true,
      "noFallthroughCasesInSwitch": true,
      "module": "esnext",
      "moduleResolution": "node",
      "resolveJsonModule": true,
      "isolatedModules": true,
      "noEmit": true,
      "jsx": "react-jsx"
    },
    "include": [
      "src"
    ]
}
```

package.json 项目依赖文件（/package.json）中的信息大致如下：

```
{
  // 项目基础信息
  "name": "my-react-hooks-ts",
  "version": "0.1.0",
  "private": true,
  // 相关依赖包
  "dependencies": {
    "@testing-library/jest-dom": "^5.11.4",
    "@testing-library/react": "^11.1.0",
    "@testing-library/user-event": "^12.1.10",
    "@types/jest": "^26.0.15",
    "@types/node": "^12.0.0",
    "@types/react": "^17.0.0",
    "@types/react-dom": "^17.0.0",
    "react": "^17.0.2",
    "react-dom": "^17.0.2",
    "react-scripts": "4.0.3",
    "typescript": "^4.1.2",
    "web-vitals": "^1.0.1"
  },
  // 项目自定义脚本命令
  "scripts": {
    "start": "react-scripts start",
    "build": "react-scripts build",
    "test": "react-scripts test",
    "eject": "react-scripts eject"
  },
  // 浏览器兼容部分
  "browserslist": {
    "production": [
      ">0.2%",
      "not dead",
      "not op_mini all"
    ],
    "development": [
```

```
      "last 1 chrome version",
      "last 1 firefox version",
      "last 1 safari version"
   ]
 },
 // 开发环境依赖包
 "devDependencies": {

 }
}
```

（6）启动项目。创建成功后，通过在 package.json>scripts 文件中配置的命令启动项目。

```
npm run start
```

此时会报一个这样的错误：

```
If you would prefer to ignore this check, add SKIP_PREFLIGHT_CHECK=true to an .env
  file in your project.
That will permanently disable this message but you might encounter other issues.
```

我们只需要在根目录下新建一个 .env 文件并加入以下内容，再次启动即可成功。

```
SKIP_PREFLIGHT_CHECK=true
```

7.2　eslintrc 配置

为了避免在多人协同开发时因每个人的编码习惯不一致而导致代码难以维护，我们使用 ESLint 来规范代码风格。

首先全局安装 ESLint，相关命令如下。

```
npm install -g eslint
```

然后通过下面的命令初始化一份 ESLint 配置。

```
eslint --init
```

完成上述操作后会得到图 7-1 所示的界面，选择第三个选项，之后系统会验证代码格式并自动格式化。

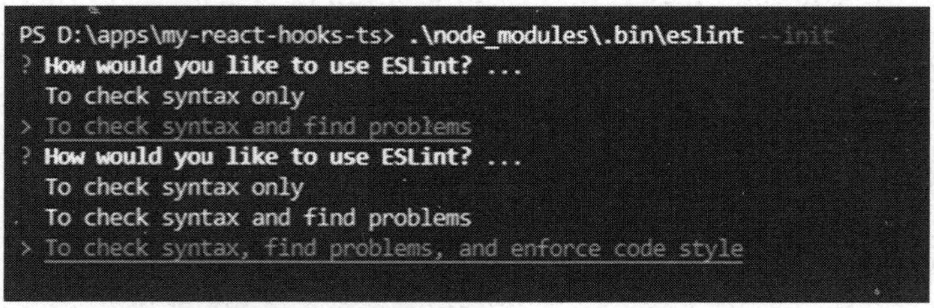

图 7-1　验证代码格式并自动格式化

在接下来出现的图 7-2 所示的界面中选择 import/export，然后选择 typescript，在后面的步骤中都按回车键就行。

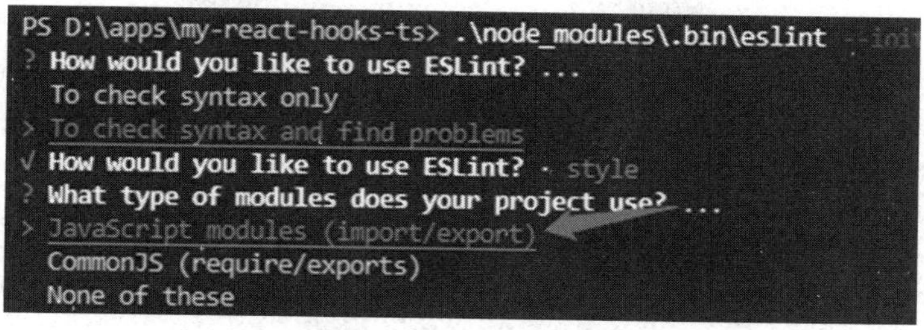

图 7-2　选择 import/export

至此 ESLint 就已安装成功。项目的根目录下会有一个 .eslintrc.js，下面我们就来看看 .eslintrc.js 这个 ESLint 规范配置文件。

因为我们使用 React Hooks 语法来进行开发，所以需要安装 Hooks 相关的 ESLint 包。这里要对 .eslintrc.js 稍作修改并安装对应的插件。

修改后的 /.eslintrc.js 文件内容如下。

```
module.exports = {
  parser: '@typescript-eslint/parser',
  plugins: [
    'react',
    '@typescript-eslint/eslint-plugin',
    'prettier',
    'react-hooks',
  ],
  extends: [
    'react-app',
    "eslint:recommended",
    "plugin:react/recommended",
    "plugin:react-hooks/recommended"
  ],
  settings: {
    react: {
      version: 'detect'
    }
  },
  rules: {
    "no-anonymous-default-export":"off",
    "react/jsx-uses-react": 2,
    "no-unused-vars":"off",
    'prettier/prettier': 'off',
    'no-console': process.env.NODE_ENV === 'production' ? 'error' : 'off',
    'no-debugger': process.env.NODE_ENV === 'production' ? 'error' : 'off'
    // 其余配置项自行添加
  }
};
```

因为我们下载的依赖包、部分配置文件以及打包后的文件和目录都不用验证，所以需要在根目录下新建一个 .eslintignore 文件。通过 .eslintignore 可以配置忽略验证的文件和目录。

/.eslintignore 的具体内容如下。

```
src/registerServiceWorker.js
/build
/config
/typings
/public
node_modules
tsconfig.json
```

7.3　Webpack 配置

通过 react 脚手架 create-react-app 创建的项目，如果要在其中进行 Webpack 配置，则需要在根目录下新建一个名称为 config-overrides.js 的文件。

Webpack 配置的步骤如下。

（1）引入 react-app-rewired 插件。该插件的作用是覆盖 create-react-app 的配置。

（2）安装 react-app-rewired，具体方法如下。

```
npm install react-app-rewired
```

（3）修改 package.json 里的启动命令，并通过 react-app-rewired 来启动。

```
"scripts": {
  "dev": "react-app-rewired start",
  "build": "react-app-rewired build",
  "test": "react-app-rewired test",
  "eject": "react-scripts eject"
}
```

（4）新建 Webpack 配置文件 config-overrides.js。config-overrides.js 用于覆盖默认的 Webpack 配置，customize-cra 的作用是配置 Webpack 信息。首先执行以下命令安装 customize-cra 包。

```
npm install customize-cra
```

config-overrides.js 文件的内容如下：

```
const {override,overrideDevServer,addWebpackAlias,addWebpackPlugin} =
require('customize-cra');
const webpack = require('webpack')
const path = require('path')
// 此插件能够保证在保存文件的时候，自动执行 ESLint 相关验证
```

```
const ESLintPlugin = require('eslint-webpack-plugin');

module.exports = {
  webpack: override(
    // 配置路径别名
    addWebpackAlias({
      '@': path.resolve('src')
    }),
    // 保存即立刻执行 ESLint 验证
    addWebpackPlugin(new ESLintPlugin({
      fix:true,
      extensions: ['ts', 'tsx', 'less'],
    })),
  ),
  devServer: overrideDevServer((config) => {
    return {
      ...config,
      open: false, // 是否自动打开浏览器
    }
  })
}
```

至此一个基础的 Webpack 配置就写好了。

（5）为了在打包的时候区分环境，并设置一些自定义的环境变量，我们需要安装 env-cmd，具体命令如下。

```
yarn add env-cmd
```

（6）修改 package.json 里的启动配置，具体修改如下。

```
"scripts": {
  "dev": "env-cmd -f .env.development react-app-rewired start",
  "build:test": "env-cmd -f .env.test react-app-rewired build",
  "build:pre": "env-cmd -f .env.pre react-app-rewired build",
  "build:prod": "env-cmd -f.env.production react-app-rewired build",
  "test": "react-app-rewired test",
  "eject": "react-scripts eject"
},
```

（7）在根目录下新建对应的环境变量文件，配置一个用于保存后端接口 API 的变量。

新建 /.env.development 开发环境文件：

```
REACT_APP_BASE_URL=http://baidu.com/dev
```

新建 .env.test 测试环境文件：

```
REACT_APP_BASE_URL=http://baidu.com/test
```

新建 /.env.pre 预发布环境文件：

```
REACT_APP_BASE_URL=http://baidu.com/pre
```

新建 /.env.production 生产环境文件：

```
REACT_APP_BASE_URL=http://baidu.com/prod
```

7.4 全局 Less 和 Ant 懒加载配置

前面进行了基础的 Webpack 配置，然而对于一般的企业项目开发，为了能够写出更加易于维护、复用性更高的 CSS，通常使用 Less 或者 Sass 扩展语言来编写 CSS。本章的案例项目使用的是 Less，因为我们使用的 UI 库是 Ant，而 Ant 内置的 CSS 是用 Less 编写的。

1. 全局 Less

我们在编写 Less 的时候，通常会定义一些通用的样式变量，并且希望这些通用的样式变量能够在每个组件中直接使用，而不是每次都需要导入。style-resources-loader 这个库就是专门用于解决这个问题的。

（1）安装 style-resources-loader，具体命令如下。

```
// 首先安装 Less 语言包
npm install less
// 因为使用的 Less 语言，所以需要 less-loader 来解析
npm install less-loader
// 最后安装 Less 全局资源导入的包
npm install style-resources-loader
```

（2）延续 7.3 节中的修改，增加全局 Less 变量文档导入的配置。 修改 Webpack 配置文件 config-overrides.js。

config-overrides.js 的内容如下。

```
// override 用于组合生成 Webpack 配置信息
const { override } = require('customize-cra');
const webpack = require('webpack')
const path = require('path')

/**
 * 添加全局 Less
 * @param {*} config
 * @returns
 */
const addLessStyle=()=>(config)=>{
  const loaders = config.module.rules.find(rule =>
      Array.isArray(rule.oneOf)).oneOf;
  const lessIndex=loaders.findIndex((item)=>{
    return item.test&&item.test.toString().indexOf('.less')!=-1
  })
  // 如果存在 Less 文件
```

```
    if(lessIndex!=-1){
      loaders[lessIndex].use.push({
        loader: 'style-resources-loader',
        options: {
          // 全局引入公共的 Scss 文件
          patterns: path.resolve(__dirname, 'src/theme/global.less')
        }
      })
    }
    return config
}

module.exports = {
  webpack: override(
    // 配置路径别名
    addWebpackAlias({
      '@': path.resolve('src')
    }),
    // 添加全局 Less
    addLessStyle()
  )
}
```

2. Ant 懒加载

在正式的企业级项目中，为了提升页面加载速度，往往需要在每个独立路由页面加载独立的 UI 资源文件，而不是在项目主入口一次性加载所有的 UI 资源文件。下面使用 babel-plugin-import 库来解决 UI 资源文件加载问题。本节介绍的方法也是 React 官方推荐的方法。

（1）安装 babel-plugin-import，具体方法如下。

```
// 首先安装 UI 框架库
npm install antd
// 然后安装 Ant 组件按需导入库
npm install babel-plugin-import
```

（2）修改 Webpack 配置文件 config-overrides.js。config-overrides.js 的内容如下。

```
const {
  override,
  addWebpackAlias,
  fixBabelImports
} = require('customize-cra');
const webpack = require('webpack')
const path = require('path')

module.exports = {
```

```
webpack: override(
  // 配置路径别名
  addWebpackAlias({
    '@': path.resolve('src')
  }),
  // 针对 antd 实现按需打包：根据 import 来打包（使用 babel-plugin-import）
  fixBabelImports('import', {
    libraryName: 'antd',
    libraryDirectory: 'es',
    style: true
    // 自动打包相关的样式，默认为 style:'css'
    // 值为 false 则不导入样式文件，这适用于主动在 main.ts 中一次性导入 CSS 文件的情况
  }),
  // 使用 less-loader 对源码重的 Less 的变量进行重新制定，设置 antd 自定义主题
  addLessLoader({
    javascriptEnabled: true,
    modifyVars: {
      hack: `true;@import "${require.resolve(
        'antd/lib/style/color/colorPalette.less'
      )}";`,
      ...defaultThemeVars,
      '@primary-color': '#6e41ff',
      "@heading-color": "#0000d9"
    },
    localIdentName: '[local]--[hash:base64:5]'
  }),
)
}
```

3. 用 Day 替换 Moment

antd 官方的日期组件库使用的是 Moment 包，而 Moment 包存在很多多余的功能，导致整个包很大，所以笔者建议使用 Day。替换的步骤如下。

（1）安装 babel-plugin-import，然后安装 antd-dayjs-webpack-plugin 插件。

```
npm install antd-dayjs-webpack-plugin
```

（2）修改 Webpack 配置文件 config-overrides.js，修改后的 config-overrides.js 内容如下。

```
const { override } = require('customize-cra');
const AntdDayjsWebpackPlugin = require('antd-dayjs-webpack-plugin')
const webpack = require('webpack')

// 用 Day 替换 Moment
const addPlugins = () => (config) => {
  config.plugins.push(new AntdDayjsWebpackPlugin())
}
module.exports = {
```

```
webpack: override(
  addPlugins(),
)
}
```

至此一个基础的 Webpack 配置就写好了。

7.5　环境变量配置

真实的企业级项目的开发流程应该是这样的：开发环境（dev）→ 测试环境（beta）→ 预发布环境（pre）→ 生成环境（prod）。

既然存在多个环境，那么对应的接口地址肯定是不一样的。我们需要根据环境配置不同的接口地址，用不同的配置文件来区分不同的环境，以达到更好的解耦效果。

env-cmd 用于设置不同的环境变量。通过 env-cmd 进行设置，只需要根据不同环境创建对应的 *.env 文件，之后再通过执行命令设置对应的文件即可。

（1）安装 env-cmd，相关命令如下。

```
yarn add env-cmd
```

（2）添加环境变量文件，然后在根目录下新建对应的环境变量文件，并配置一个用于保存后端接口的变量。

新建 .env.development 开发环境文件。

```
REACT_APP_BASE_URL=http://baidu.com/dev
```

新建 .env.beta 测试环境文件。

```
REACT_APP_BASE_URL=http://baidu.com/beta
```

新建 .env.pre 预发布环境文件。

```
REACT_APP_BASE_URL=http://baidu.com/pre
```

新建 .env.production 生产环境文件。

```
REACT_APP_BASE_URL=http://baidu.com/prod
```

（3）修改 package.json 里的 scripts 命令，具体内容如下。

```
"scripts": {
  "dev": "env-cmd -f .env.development react-app-rewired start",
  "build:test": "env-cmd -f .env.test react-app-rewired build",
  "build:pre": "env-cmd -f .env.pre react-app-rewired build",
  "build:prod": "env-cmd -f.env.production react-app-rewired build",
  "test": "react-app-rewired test",
  "eject": "react-scripts eject"
},
```

7.6 技术与需求

准备工作已经完成，马上就要正式进入代码开发流程了，但在这之前，需要先来梳理一个后台管理系统包含哪些功能。

本章要完成的是一个电商后台管理系统，该系统主要包含以下功能。

❑ 账号登录：账号数据本地存储，账号登录权限验证。
❑ 账号菜单权限管理：菜单权限验证，系统权限验证。
❑ 订单管理：订单列表查询。
❑ 商品管理：商品列表查询。
❑ 用户管理：用户列表查询。
❑ 角色管理：角色列表查询。
❑ 可视化数据统计管理：订单数据可视化。

技术方案选型如下。

❑ React+Hooks（React 版本）。
❑ TypeScript（编程语言）。
❑ Webpack（打包工具）。
❑ Ant（UI）。
❑ React Redux（数据流）。
❑ react-router-dom（React 路由）。
❑ Less（CSS 语言）。
❑ mock.js（接口模拟）。
❑ dayjs（日期格式化库）。
❑ redux-persist（Redux 数据本地化）。
❑ axios（AJAX 请求）。
❑ ECharts（图表可视化）。
❑ less-loader（设置 antd 自定义主题）。
❑ eslint-webpack-plugin（保存自动格式化代码）。
❑ babel-plugin-import（antd 按需导入）。
❑ svg-sprite-loader（SVG 图标）。
❑ style-resources-loader（全局 Less 变量）。
❑ BundleAnalyzerPlugin（打包文件分析）。
❑ antd-dayjs-webpack-plugin（将 Moment 替换为 Day）。
❑ customize-cra（重置 Webpack 配置）。
❑ env-cmd（设置环境变量）。
❑ eslintrc（代码规范化）。

7.7 路由配置

为满足多人开发和维护项目的需要，我们将路由的文件以模块为单位进行定义，并统一从 index 导出。具体步骤如下。

（1）新增 Order 模块路由。假设有一个订单模块，该模块有订单列表、商品列表功能。我们在 src/routes 目录下新建 Order.ts 文件。

src/routes/Order react 中的 lazy 函数可以完成对路由的懒加载，也就是说，当前页面的所有资源文件都不会进入首页加载资源中，只有访问当前路由页面的时候才会独立拉取对应的资源文件，这样也就优化了项目的首次加载速度。

```
// 导入 lazy
import { lazy } from 'react';
// 为保持当前文件的简洁性和可维护性，将所有的接口类型定义文件都新建为一个独立的文件
import { RouterType } from './interface';
// 导入当前模块下的所有页面路由
const OrderList = lazy(() => import('@/pages/Order/OrderList/OrderList'));
const BusinessList = lazy(() => import('@/pages/Order/BusinessList/BusinessList'));

// 创建一个路由 tree, path 的命名规则请遵循 a=>a/a-b/a-b-c，且保持语义化
const Routers: RouterType[] = [
  {
    path: '/order',
    key: 'order',
    title:'订单管理',
    children:[
      {
        path: '/order/order-list',
        key: 'order-list',
        component: OrderList,
        title:'订单列表',
      },
      {
        path: '/order/business-list',
        key: 'business-list',
        component: BusinessList,
        title:'商品列表',
      }
    ]
  }
];

export default Routers;
```

（2）导入所有模块路由。因为每个路由模块都是按照业务模块为单位文件划分的，所以我们需要在路由入口文件中导入所有模块的路由，然后汇总导出路由。

src/routes/index 的内容如下。

```
// 路由类型接口
import { RouterType } from "./interface";

// 订单模块路由
import Oder from './Order';

const Routers: RouterType[] = [
  ...Oder,
];
// 最终导出供外部使用
export default Routers;
```

（3）使用路由。使用 lazy 异步加载组件，外层元素必须使用 Suspense 包裹，然后通过 Switch 包裹，实现页面路由的跳转切换。

```
// 导入项目基础依赖模块
import React, { FC, lazy, Suspense } from 'react';
import { Route, Switch, Redirect, HashRouter } from
'react-router-dom';
import { StoreState } from '@/store/StoreState';
import { useSelector } from 'react-redux';
// 整体布局组件
const AppLayout = lazy(() => import('@/pages/AppLayout'));
// 登录进入的页面组件
const MainLayout = lazy(() => import('@/pages/MainLayout'));
// 登录页面
const Login = lazy(() => import('@/pages/Login/Login'));

const App: FC = () => {
  // 查询本地缓存状态，是否处于登录状态
  const isLogin = useSelector<StoreState, boolean>(
    (state: StoreState) => state.isLogin
  );
  return (
    <HashRouter>
      {/* 使用 Suspense 实现异步 */}
      <Suspense fallback={<>加载中</>}>
        <AppLayout>
          <Switch>
            <Route path="/login" key="login">
              <Login></Login>
            </Route>
            {/* 如果处于登录状态，则显示，否则只显示登录页面 */}
            { isLogin ? <MainLayout /> : null }
          </Switch>
        </AppLayout>
      </Suspense>
    </HashRouter>
```

```
  );
};

export default App;
```

有了懒加载 React.lazy，如果需要再来一个加载中的动画，就要用到 Suspense 了。Suspense 组件的 fallback 方法用于组件加载完成之前页面的显示，以提供更好的交互体验。关于 Suspense 的使用，7.9 节会给出对应的示例代码，这里暂不展开。

7.8　HTTP 封装

在项目中，需要与后端进行数据交换。在实际开发过程中，通常使用 AJAX 来进行数据交换，使用高级库 Axios 来进行 HTTP 请求处理。

Axios 是一个基于 promise（主要解决回调问题）的 HTTP 库，可以用在浏览器和 Node.js 中。

Axios 的优势如下。

❑ 可以在浏览器中创建 XMLHttpRequests。

❑ 可以在 Node.js 中创建 HTTP 请求。

❑ 支持 Promise API。

❑ 可以拦截请求和响应。

❑ 可以转换请求数据和响应数据。

❑ 可以取消请求。

❑ 支持重试机制。

❑ 可以自动转换 JSON 数据。

❑ 客户端支持防御 XSRF。

通常我们的业务中存在多种类型的请求，为了能够以更简单的方式在不同的模块中发送不同的请求，我们需要基于 Axios 进程进行 HTTP 封装。封装时常用的请求为 GET/POST/FormData。

1. 封装 HTTP 请求

封装 HTTP 的步骤如下。

（1）通过 npm 安装 Axios，具体命令如下。

```
npm install axios
```

（2）在 /src/apis 目录下新建 request.ts 文件。首先封装基础的 HTTP 请求和基础函数。

```
// 导入依赖包
import axios from 'axios';
import qs from 'qs';
```

```
// 请求类型枚举
enum types {
  POST = 'POST',
  GET = 'GET'
}

// 请求状态枚举
enum State {
  SUCCESS = 'POST',
  ERROR = 'GET'
}

// 定义一个统一的结果集类型对象，便于页面获取数据
interface ResponetFrom {
  data?: any;
  list?: any;
  msg: State;
}

// 字符串转 JSON
const JsonParse = (res:any):Object=>{
  try {
    return JSON.parse(res.data)
  } catch (error) {
    return {}
  }
}

// 拦截器部分
axios.interceptors.request.use(
  function (config) {
    // 请求头中新增与后端权限验证的自定义头 Authorization
    config.headers['Authorization'] = localStorage.getItem('token');
    return config;
  }
  function (error) {
    return Promise.reject(error);
  }
);

/**
 * HTTP 最终请求
 * 通过 TypeScript 定义 Promise 中的类型 ResponetFrom 约束返回的数据结构
 * @param options
 * @returns
 */
const request = (options: any): Promise<ResponetFrom> => {
  const axiosOptions = Object.assign({
    transformResponse: [data => data],
```

```
      headers: {// 默认请求头
        Accept: 'application/json',
        ContentType: 'application/json;charset=UTF-8'
      },
      timeout: 400000, // 接口响应超时时间
      paramsSerializer: params => qs.stringify(params),// 请求参数格式化为 JSON 字符串
      baseURL: process.env.REACT_APP_BASE_URL // 请求 base URL
    },
    options
  );

  // 返回一个 Promise
  // resolve, reject 返回统一的数据结构
  return new Promise((resolve:Function,reject:Function) => {
    axios(axiosOptions)
      .then((res: any) => {
        resolve({
          ...JsonParse(res.data),
          msg: State.SUCCESS
        });
      })
      .catch(error => {
        reject({
          data: error,
          msg: State.ERROR
        });
      });
  });
};
```

接着基于 HTTP 基础函数来封装 POST 请求类型。

```
/**
 * HTTP POST 请求方式
 * 通过 TypeScript 定义 Promise 中的类型 ResponetFrom 约束返回的数据结构
 * @param {*} url    请求 URL
 * @param {*} data   请求参数
 */
export const httpPost = (
  url: string,
  data: any = {}
): Promise<ResponetFrom> => {
  return request({
    url,
    method: types.POST,
    data
  });
};
```

然后基于 HTTP 基础函数封装 GET 请求类型。

```
/**
 * HTTP GET 请求方式
 * 通过 TypeScript 定义 Promise 中的类型 ResponetFrom 约束返回的数据结构
 * @param url     请求 URL
 * @param params 请求参数
 * @returns
 */
export const httpGet = (
  url: string,
  params: any = {}
): Promise<ResponetFrom> => {
  return request({
    url,
    method: types.GET,
    params
  });
};
```

最后基于 HTTP 基础函数封装 FormData 请求类型。

```
/**
 * 一般用于上传文件或者下载文件类型的请求
 * 通过 TypeScript 定义 Promise 中的类型 ResponetFrom 约束返回的数据结构
 * @param url     请求 URL
 * @param params 请求参数
 * @returns
 */
export const httpFormData = (
  url: string,
  params: any = {}
): Promise<ResponetFrom> => {
  const formData = new FormData();
  for (const field in params) {
    if (params[field]) {
      formData.append(field, params[field]);
    }
  }
  return request({
    url,
    method: types.POST,
    data: formData,
    headers:{
      'Content-Type': 'multipart/form-data'
    }
  });
};
```

完成上面的 HTTP 请求封装后，我们需要考虑如何更好地定义接口，接口层如何使用定义的接口。

2. 定义接口文件

为了使项目具有可维护性，我们应采用模块化的方式来定义接口文件。

（1）定义 User 接口模块。为保证代码的可读性，不要过度封装，要保障每个接口函数的独立性。

（2）定义 Order 接口模块。这里会涉及 /src/apis/OrderApi.ts，其具体内容如下。

```
/**
 * 订单模块接口
 */
import { httpPost, ResponetFrom } from './request';

// 订单查询接口参数类型
interface QueryTableType {
  pageSize: Number;
  pageNumber: Number;
  queryKey: string;
}

/**
 * 查询订单列表
 * @param params
 * @returns
 */
const getOrderList = (params: QueryTableType): Promise<ResponetFrom> => {
  return httpPost('/order/getOrderList', params);
};

export default {
  getOrderList
};
```

3. 导出所有模块

接下来我们需要以业务单位导出所有的业务模块，然后对各个模块进行汇总。这里会涉及 /src/apis/index.ts 文件，该文件的内容如下。

```
import OrderApi from '@/apis/OrderApi';

export default {
  OrderApi
};
```

4. 在业务组件中使用

下面以模块为单位，介绍如何在命名空间中使用上面定义的接口函数，比如 OrderApi.getOrderList。这样不仅能直观看到当前接口属于哪个模块，还能避免重复命名带来的冲突问题。相关的实现代码如下。

```
import React, { FC, useState, useEffect } from 'react';
import { OrderApi } from '@/apis';

const App: FC = () => {
  // loading 状态
  const [loading,setLoading] = useState<boolean>(false);
  // table 数据对象
  const [tableList,setTableList] = useState<Array<any>>([]);
  // 查询表单参数对象
  const [qfrom,setQfrom] = useState<QueryTableType>({
    pageSize: 10;
    pageNumber: 1;
    queryKey: null;
  });

  // 定义一个查询函数
  const onQuery=()=>{
    // 首页加载 loading
    setLoading(true)
    // 然后请求接口
    OrderApi.getOrderList(qfrom).then((res:ResponetFrom)=>{
      // 请求成功后，存储返回数据
      setTableList(res.list)
    }).catch((error:ResponetFrom)=>{
      // 出现错误后，请求数据并弹出错误信息
      setTableList([])
    }).finally(()=>{
      // 无论成功还是失败都需要关闭 loading
      setLoading(false)
    })
  }

  useEffect(()=>{
    onQuery();
  },[])
  return (<>
    <a onClick={onQuery}> 查询 </a>
  </>);
};

export default App;
```

至此一个简单的 HTTP 请求函数封装及使用流程就讲解完了。代码注释中描述的部分细节，在实际开发中一定要注意。

7.9　登录页面开发

在登录页面上需要实现的功能包括：输入账号和密码，通过请求接口判断账号和密码是否正确。如果正确，则判断该账号是否有菜单相关权限。如果有，则将账号信息保存到本地缓存，然后跳转到当前账号可用的第一个菜单。若账号或密码不正确，则弹出错误提示。

使用 redux-persist 完成数据持久化（也就是将 Redux 中的数据同步到 localStorage 中）以避免当页面刷新的时候发生数据丢失问题。

下面介绍与登录页面相关的文件或者插件。

index.tsx 为入口文件，存储路径为 /src/index.tsx，具体内容如下。

```
import React from 'react';
import ReactDOM from 'react-dom';
import { Provider } from 'react-redux';
import store,{ persistor } from './store/index';
import { PersistGate } from 'redux-persist/lib/integration/react';
import '@/mock/index';
import App from './App';

ReactDOM.render(
  // 数据共享
  <Provider store={ store }>
    <PersistGate loading={null} persistor={persistor}>
      <App/>
    </PersistGate>
  </Provider>,
  document.getElementById('root')
);
```

App.tsx 的存储路径为 /src/App.tsx。在该文件中使用路由 hash 模式，因为 BrowserRouter 模式在微信中存在 bug。该文件的内容如下。

```
import React, { FC, lazy, Suspense } from 'react';
import { Route, Switch, HashRouter } from 'react-router-dom';

const Login = lazy(() => import('@/pages/Login/Login'));

const App: FC = () => {
  return (
    <HashRouter>
      <Suspense fallback={<></>}>
        <AppLayout>
          <Switch>
            <Route path="/login" key="login">
              <Login></Login>
            </Route>
          </Switch>
        </AppLayout>
```

```
      </Suspense>
    </HashRouter>
  );
};


export default App;
```

store 用于存储登录账号信息，并保证在刷新页面的时候数据不丢失。相关实现代码如下。

```
import { createStore } from 'redux';
import { StoreState, SetLoginType } from './StoreState';
import { persistStore, persistReducer } from 'redux-persist';
import autoMergeLevel2 from 'redux-persist/lib/stateReconciler/autoMergeLevel2';
import storage from 'redux-persist/lib/storage';

// Redux 数据持久化
const persistConfig = {
  // 数据标识 key
  key: 'app-user',
  // 本地存储对象，支持多种模式：Session、cookie 和 storage
  storage: storage,
  // 定义缓存数据合并规则
  stateReconciler: autoMergeLevel2
};

// 定义 State 默认数据
const defaultSate: StoreState = {
  isLogin: false,
  userInfo: {
    userName: '',
    auths: '',
    pic:''
  }
};


// reducer
// 页面通过 dispatch 触发
const reducer = (state: StoreState=defaultSate, action: SetLoginType) => {
  switch (action.type) {
    case 'setLogin':
      state.isLogin = action.isLogin;
      state.userInfo = action.userInfo;
      break;
  }
  return {...state};
};


const myPersistReducer = persistReducer(persistConfig, reducer)
```

```
// 创建 store
const store = createStore(myPersistReducer)

export const persistor = persistStore(store)

export default store;
```

有的读者可能已经注意到了，前面在配置 store 时已经提及 localStorage。之所以进行这样的设置，是因为确实有些场景的数据会使用 store 来存储，但是这种做法存在过度复用的情况，尤其在更新数据的时候，需要通过 dispatch 触发更新。其实我们完全可以根据具体场景来使用对应的存储方案，下面来看如何自定义本地存储 Hooks——useLocalStorage。

/src/hooks/useLocalStorage 的内容如下。

```
import React, { useState, useEffect } from 'react';
const getObj=(value:any)=>{
  return typeof value === 'object' ? JSON.stringify(value) : `${value}`
}
/**
 * 本地存储对象
 */
const storage = {
  getItem(key:string) {
    return localStorage.getItem(key);
  },
  setItem(key:string, value:any) {
    localStorage.setItem(key,getObj(value));
  },
  removeItem(key) {
    localStorage.removeItem(key);
  }
};

function tryParse(value) {
  try {
    return JSON.parse(value);
  } catch {
    return value;
  }
}

/**
 * @param {*} key           存储键
 * @param {*} defaultValue  存储值
 * @returns
 */
export default function useLocalStorage(key: string, defaultValue: any) {
  const getDefault = key => {
    return storage.getItem(key) === null ? defaultValue
      : tryParse(storage.getItem(key));
```

```
  };

  const [state, setState] = useState(getDefault(key));

  const writeState = value => {
    storage.setItem(key, value);
    setState(value);
  };

  const deleteState = () => {
    storage.removeItem(key);
    setState(null);
  };

  useEffect(() => {
    writeState(defaultValue || getDefault(key));
  }, [key]);

  return [state, writeState, deleteState];
}
```

登录页面的相关内容在 /src/pages/Login/Login.tsx 中，该文件的具体内容如下。

```
import { Layout, Form, Input, Button, Checkbox, notification } from 'antd';
import React, { FC, useState } from 'react';
import { useDispatch } from 'react-redux';
import { useHistory } from "react-router-dom";
import routes from '@/routes/index';
import { dispatchLogin } from '@/store/Actions';
import { userInfoType } from '@/store/StoreState';
import { filterRoute2Path } from '@/uilts/index';
import useLocalStorage from '@/hooks/useLocalStorage';
import UserApi from '@/apis/UserApi';

interface LoginType{
  userName:string,
  userPassword:string,
  userSetNumber:boolean
}

const Login: FC = () => {
  // 自定义本地存储 Hooks
  const [,writeState]=useLocalStorage('token','');
  const [loading,setLoading] =useState(false);
  const dispatch = useDispatch();
  const history = useHistory();
  const onShowMsg=(msg:string)=>{
    notification.error({
      message: '温馨提示',
      description: msg,
    });
```

```
  }
  const onFinish = (values: LoginType) => {
    UserApi.login(values)
      .then((res:any)=>{
        const userInfo:userInfoType={userName:values.userName,...res.data};
        if(userInfo.jurisdictions){
          // 存储用户信息
          dispatch(dispatchLogin({isLogin:true,userInfo}));
          // 独立存储 token
          writeState(userInfo.token);
          // 根据账号权限获取默认第一个跳转页面
          const homePath=filterRoute2Path(routes,userInfo.jurisdictions);
          history.push(homePath);
        }else{
          onShowMsg('暂无权限！');
        }
      })
      .catch(()=>{
        writeState('');
        onShowMsg('账号或密码错误！');
      })
      .finally(()=>{
        setLoading(false)
      })
  };


  return (
    <Layout className="login-warp">
      <div className="login-container">
        <div className="login-left"></div>
        <div className="login-right">
          <Form
            name="basic"
            labelCol={{ span: 8 }}
            wrapperCol={{ span: 16 }}
            initialValues={{ userSetNumber: true }}
            onFinish={ onFinish }
            autoComplete="off">
            <Form.Item
              label="登录名称"
              name="userName"
              rules={[{ required: true, message: '请输入登录名称！' }]}>
              <Input placeholder="请输入登录名称" size="large" />
            </Form.Item>

            <Form.Item
              label="登录密码"
              name="userPassword"
              rules={[{ required: true, message: '请输入登录密码！' }]}>
              <Input.Password placeholder="请输入登录密码" size="large" />
```

```
      </Form.Item>

      <Form.Item
        name="userSetNumber"
        valuePropName="checked"
        wrapperCol={{ offset: 8, span: 16 }}>
        <Checkbox> 记住密码 </Checkbox>
      </Form.Item>

      <Form.Item wrapperCol={{ offset: 8, span: 16 }}>
        <Button
          loading={ loading }
          size="large"
          type="primary"
          htmlType="submit"
          style={{ width: '100%' }}>
          登录
        </Button>
      </Form.Item>
    </Form>
   </div>
  </div>
 </Layout>
 );
};

export default Login;
```

至此一个简单的登录页面就完成了。运行上述代码会得到图 7-3 所示的界面，相关的目录结构如图 7-4 所示。

图 7-3　登录页面

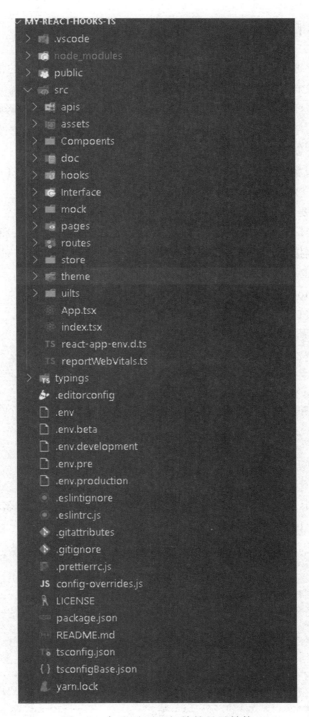

图 7-4　与登录页面相关的目录结构

7.10 Mock.js 配置

在企业开发中，通常会出现在开发页面 UI 时后端接口还没做好的情况。这时，后端开发人员只需将接口文档前置，将具体业务开发后置，前端开发人员就可以根据后端的接口文档字段，通过一些插件来模拟数据，从而达到两端同时开发、互不影响的效果。

基于上述要求，笔者推荐使用 Mock.js 工具。Mock.js 可以在不修改现有代码的情况下拦截 AJAX 请求，并创建返回模拟的接口数据。

正常的项目开发流程应该是：UI→定义接口→定义 Mock.js 接口→请求 mock 数据→UI 完成→对接后端→完成对接。

Mock.js 接口需要完全依照正常 /src/apis 中的接口 URL 规则来定义。mock 模块也可以按照 /src/apis 中的接口规则来定义。这样就可以在后端接口完成后，通过修改 mock 状态，直接请求真实的后端接口。由于正常的开发中可能存在重复定义接口 URL 的可能，为了避免接口 URL 冲突，也可以定义一个变量作为命名空间。

下面介绍定义 Mock.js 接口的步骤。

（1）定义 apis 接口，这会涉及 /src/apis 文件，该文件的内容如下。

```
// 公共 AJAX 请求返回体数据类型
import {   ResponetFrom } from './request';

// 获取用户信息
const getBusinessList = (params: any): Promise<ResponetFrom> => {
  return httpPost(`${process.env.REACT_APP_BASE_URL}/user/getBusinessList`, params);
};

export default {
  getBusinessList,
};
```

（2）定义 Mock.js 接口。mock 文件为接口模拟文件夹，根据模块名称创建对应的 mock 文件。/src/mock/user.ts 文件的内容如下。

```
// 导入 Mock 库
import Mock from 'mockjs'
// 通过 .mock 函数定义 mock 的数据结构
// 更新定义生成不同数据的语法请参考官方文档
Mock.mock(`${process.env.REACT_APP_BASE_URL}/order/getBusinessList`, 'post', {
  success: true,
  msg: '@cparagraph',
  'list|6': [
    {
      'id|+1': 1, // 数字从 1 开始，后续依次加 1
      userName: '@cname', // 名字为随机中文名
      "pic":"@image('300x250, '#fb0a2a')",
      'num|25-10000': 25,
```

```
          'sumNum|25-10000': 25,
          'title|1': ['苹果6s', '华为高端版', '小米终极版', '魅族家庭版'], // 数组里的随机一项
          'createtime':'@date("yyyy-MM-dd")',// 任意日期
      }
    ]
});
```

/src/mock/index.ts 文件的内容如下。这里需要注意的是，只有 development 需要注册 mock，不要把 Mock.js 打包到生产环境。

```
if (process.env.NODE_ENV === 'development') {
  require('./user');
}

export default {};
```

（3）导入 main 入口文件，这会涉及 /src/index.tsx 文件，该文件的内容如下。

```
// 导入依赖
import React from 'react';
import ReactDOM from 'react-dom';
// 导入 mock 文件
import './mock/index.ts';
import App from './App';
// 绑定渲染 DOM
ReactDOM.render(
  <App/>
  document.getElementById('root')
);
```

（4）组件中调用。为了熟悉 Mock.js 的使用过程，我们来实现一个查询商品的 table 列表。该列表可以通过输入表单参数，点击查询按钮，获取定义好的 Mock 接口中的数据，然后将数据显示在 table 列表中。/src/pages/BusinessList.tsx 文件的内容如下。

```
// 导入基础依赖
import React, { FC, useState,useEffect } from 'react';
import { Table,Form, Input, Button } from 'antd';
// 导入接口模块
import OrderApi from '@/apis/OrderApi';
// 导入样式文件（样式文件请单独写，这样更好维护）
import './BusinessList.less';
import { TableColumnType, TableDataType } from '@/Interface/common';

// 定义 table 显示的列
const columns:Array<TableColumnType> = [
  {
    title: 'ID',
    dataIndex: 'id',
    key: 'id',
  },
```

```
  {
    title: '商品名称',
    key: 'title',
    dataIndex: 'title',
  },
  {
    title: '商品封面',
    key: 'pic',
    dataIndex: 'pic',
    // 使用 render 自定义动态渲染 DOM
    render: (text:any, record:any) => (
      <img className='img' src={ record.pic }/>
    ),
  },
  {
    title: '销售数量',
    dataIndex: 'num',
    key: 'num',
  },
  {
    title: '商品库存',
    dataIndex: 'sumNum',
    key: 'sumNum',
  },
  {
    title: '创建用户',
    dataIndex: 'userName',
    key: 'userName',
  },
  {
    title: '创建时间',
    key: 'createtime',
    dataIndex: 'createtime',
  }
];

// 定义商品列表页面组件
const BusinessList: FC = () => {
  // 存储表格数据 state
  const [tableList,setTableList] = useState<Array<TableDataType>>([]);
  // 表格查询 loading
  const [tableLoading,setTableLoading] = useState<boolean>(false);
  // 查询表单 state
  const [form] = Form.useForm();

  // 获取表格数据
  const onQuery = (fieldsValue:any={})=>{
    // 设置 loading
    setTableLoading(true)
    // 调用接口，接口 URL 命中 Mock.js 定义的 URL, 返回 mock 数据
```

```
    OrderApi.getBusinessList(fieldsValue).then((res)=>{
      // 把获取的数据设置到表格 state 中
      setTableList(res.list)
    })
    .catch(()=>{
      alert("接口报错弹出错误信息")
    })
    .finally(()=>{
      // 无论成功还是失败都需要停止 loading
      setTableLoading(false)
    })
  }
  // 页面打开的时候默认查询一次数据
  useEffect(()=>{
    onQuery();
  },[])
  return (
    <section className='main-page-warp business-list-warp'>
      <Form
        className='main-page-table-form'
        layout='inline'
        form={form}
        onFinish={onQuery}>

        <Form.Item label='用户名称'>
          <Input placeholder='请输入用户名称！' />
        </Form.Item>

        <Form.Item label='商品名称'>
          <Input placeholder='请输入商品名称！' />
        </Form.Item>

        <Form.Item>
          <Button htmlType='submit' type='primary'>查询</Button>
        </Form.Item>
      </Form>

      <Table columns={ columns } dataSource={ tableList } loading={ tableLoading }/>

      <DynamicModal {...comMap[comName]} visible={ visible } onCancel={ onCancel }>
        { getChiCom() }
      </DynamicModal>
    </section>
  );
};

export default BusinessList;
```

此时可以正常请求 AJAX，并且请求的 URL 和 Mock 中定义的一致，而接口会被 Mock.js 拦截。

7.11 权限封装

我们当前的系统权限分为两个类目：路由级别，也就是页面权限；按钮级别，也就是每个页面的操作按钮权限。

1. 路由级别权限控制

要想设计一个账号登录权限管理机制，我们首先需要知道，一般的系统都需要有一个权限管理模块来管理账号的权限。因为一个账号肯定具有多个功能权限，所以我们一般通过一个角色来管理统一的功能权限，比如订单管理系统。

通常商家用户具有新增商品、管理商品价格等权限，而其他客服之类的账号只有管理订单的权限。这里不妨假设系统中有两个角色：管理员（店长）和店小二（客服）。

要实现路由级别的权限管理，首先我们需要将路由页面与角色绑定，比如：

```
// 通过枚举定义角色
enum roles {
  ADMIN = 'admin',// 管理员（店长）
  USER = 'user',// 店小二（客服）
}

// 设置具体角色的页面权限
const jurisdictions {
  // 管理员：订单管理页面、商品管理页面权限
  [roles.ADMIN] = 'order,order-list,business-list',
  // 店小二：订单管理页面权限
  [roles.USER]='order,order-list',
}

const userInfo={
  // 权限（当前登录账号的具体权限）
  jurisdictions:jurisdictions[roles.ADMIN],
  // 账号名称
  userName:' 鬼鬼 ',
  // 账号头像
  userPic:'http://baidu.com/a.png'
}
```

有了上面的权限管理部分，后端会在收到登录接口请求后返回当前账号的权限信息和账号信息，比如上面定义的 userInfo 数据。有了权限数据后，下面就来实现路由级权限控制功能。

实现思路：在遍历生成页面路由的时候对当前账号权限进行过滤。具体实现代码如下。

```
// 导入依赖
import React, { FC } from 'react';
import routes from '@/routes/index';
import { Route } from 'react-router-dom';
```

```javascript
import { RouterType } from "@/routes/interface";
import { useSelector } from 'react-redux';
import { userInfoType, StoreState } from '@/store/StoreState';

/**
 * 获取所有路由页面
 * @returns
 */
const getRouters=():Array<RouterType>=>{
  let list=[];
  routes.map((item)=>{
    list=list.concat(item.children||[]);
    return item;
  })
  return list;
}


const filterRoutes=(routes:Array<RouterType>,
                    jurisdictions:string):Array<RouterTy pe>=>{
  // 将权限字符串转成数组
  const jurList:Array<string>=(jurisdictions||'').split(',');
  return routes.filter((route)=>{
    // 如果包含当前路由的 key，则算具有对应权限
    return jurList.includes(route.key)
  })
}


const MainLayout: FC = () => {
  // 获取所有路由页面（平铺路由）
  const routes:Array<RouterType>=getRouters();
  // 获取登录后设置的用户信息
  const userInfo:userInfoType = useSelector((state:StoreState) => state.userInfo);
  // 根据权限字符串过滤路由
  const routeList:Array<RouterType>=filterRoutes(routes,userInfo.jurisdictions);
  return (
    <section>
      <div className="main-wrapper">
        <div className="main-com">
          {/* 直接通过路由过滤的形式，把无权限的页面过滤掉即可 */}
          {
            routeList.map(route => {
              return (
                <Route
                  path={route.path}
                  key={route.key}
                  component={route.component}>
                </Route>
              );
            })
```

```
        }
      </div>
    </div>
  </section>
  );
};

export default MainLayout;
```

2. 按钮级别权限控制

要实现按钮级别的权限控制，首先需要考虑的是如何校验权限。我们可以将需要校验的（按钮或页面等）目标组件包裹在一个公共组件（HOC）中，并在这个 HOC 中判断目标组件的权限编码是否存在于权限表里。若存在于权限表里，则表示有权限进行访问或渲染操作；若不存在于权限表里，则返回 null。

实现代码位于 /compoents/Auth/index.tsx 中，该文件的内容如下。

```
// 导入依赖
import { StoreState, userInfoType } from '@/store/StoreState';
import React, { FC } from 'react';
import { useSelector } from 'react-redux';

// 定义权限参数接口类型
interface Props {
  jurisdictionKey?: string;// 权限 key
  children:any// 如果权限通过显示的子元素
}

// 定义权限验证组件
const Auth: FC<Props> = (props: Props) => {
  // 获取账号登录后保存在 redux Store 中的权限数据
  const userInfo:userInfoType = useSelector((state:StoreState) => state.userInfo);
  const { jurisdictionKey } = props;
  // 如果没有传递权限，字段返回空
  if (!userInfo.jurisdictions || !jurisdictionKey) {
    return null;
  }
  // 如果没有权限则返回空
  return (userInfo.jurisdictions.indexOf(jurisdictionKey)!=-1 ?props.children: null);
};

export default Auth;
```

下面通过一个示例来说明如何使用按钮级别的权限控制。假设需要对商品管理列表中的一个添加商品按钮进行权限控制，实现代码如下。

```
// 导入依赖
import React, { FC } from 'react';
// 定义商品列表组件
```

```
const BusinessList: FC = () => {
  return (
    <section className='main-page-warp business-list-warp'>
    {/* 使用权限组件，通过逗号分割传递权限 key */}
      <Auth jurisdictionKey='add-business'>
        <Button
        type='primary'
        onClick={ ()=>onAdd('AddBusiness') }>
        新增商品
        </Button>
      </Auth>
    </section>
  );
};


export default BusinessList;
```

至此权限封装就完成了。

7.12　左侧菜单封装

前面根据登录账号对应的权限 jurisdictions 过滤出对应的路由页面，并实现路由权限拦截的效果。既然我们已经过滤掉没有权限的路由，那么在菜单显示的时候肯定也要去掉对应的内容，也就是说，在菜单显示的时候需要根据登录账号是否有对应的页面权限去掉对应的菜单。下面介绍实现思路。

根据当前账号所有的权限 key 过滤出有效菜单，具体实现代码如下。

```
// 导入相关依赖
import React, { FC, useState } from 'react';
// 导入 UI 库中的基础 Menu
import { Menu, MenuTheme } from 'antd';
import routes from '@/routes/index';
import { RouterType } from '@/routes/interface';
const { SubMenu } = Menu;

// 定义菜单节点的接口类型数据
interface menKey {
  selectKeys: Array<string>; // 选择菜单节点的 keys
  keys: Array<string>;// 展开的菜单 keys
}

interface Props {
  jurisdictions: string; // 当前账号的权限
}

/**
```

```
 *  根据权限过滤菜单
 *  @param routeList  路由集合
 *  @param jurList  权限集合
 *  @returns  当前权限下所有的菜单
 */
const filterMens=(
    routeList:Array<RouterType>,
    jurList:Array<string>)
    :Array<RouterType>=>{
  return routeList.filter((route:RouterType)=>{
    if(jurList.includes(route.key)){
      return route.children.filter((croute)=>{
        return jurList.includes(croute.key);
      });
    }else{
      return false;
    }
  })
}

// 定义菜单组件
const MyMens: FC<Props> = (props: Props) => {
  const jurList:Array<string>=props.jurisdictions.split(',');
  // 根据权限过滤菜单
  const menList:Array<RouterType> = filterMens(routes,jurList);
  return (
    <Menu
      className='menu-com'
      theme='light'
      style={ { width: 256 } }
      mode="inline">
    {
      {/* 根据当前账号权限 keys 过滤有效菜单 */}
        menList.map((men: RouterType) => {
          return (
            <SubMenu
              key={men.key}
              title={men.title} >
              {
                men.children.map((cmen: RouterType) => {
                  return (
                    <Menu.Item
                      key={cmen.key} >
                      <Link to={cmen.path}>{cmen.title}</Link>
                    </Menu.Item>
                  );
                })
              }
            </SubMenu>
          );
```

```
        })}
      </Menu>
    );
};


export default MyMens;
```

与此同时，我们还需要处理另一个问题：当我们登录进入系统后，如果页面刷新了，此时需要选中对应的菜单。

要实现上述功能，我们需要根据当前页面路由的名称去查找对应路由的 key。

赋值给 SubMenu 组件的 defaultSelectedKeys 和 defaultOpenKeys 属性即可实现选择功能。defaultSelectedKeys 用于设置在菜单中默认选择哪个命令，defaultOpenKeys 用于设置默认展开哪部分菜单。

```
// 导入相关依赖
import React, { FC, useState } from 'react';
import { useHistory, Link } from 'react-router-dom';
import routes from '@/routes/index';
import { RouterType } from '@/routes/interface';
/**
 * 根据当前页面路由 key 获取选中项
 * @param pathname 页面路由 key
 * @returns
 */
const getSelectMenKey = (pathname: string): menKey => {
  let keys: Array<string> = [];
  let selectKeys: Array<string> = [];
  // 根据当前页面路径查找对应的菜单，获取选择菜单和展开菜单的 key
  const getSelectKey = (item:RouterType, routesList:Array<RouterType>) => {
    if (routesList && routesList.length > 0) {
      routesList.map((citem: RouterType) => {
        if (citem.path === pathname) {
          keys.push(item.key);
          selectKeys.push(citem.key);
        } else {
          getSelectKey(citem, citem.children);
        }
        return citem;
      });
    }
  };
  // 递归匹配
  getSelectKey(routes[0], routes);
  return { selectKeys, keys };
};


// 定义菜单组件
```

```
const MyMens: FC<Props> = (props: Props) => {
  const history = useHistory();
  // 根据当前路由筛选出对应路由的 key
  const menKey = getSelectMenKey(history.location.pathname);
  // 默认选择 keys
  const [selectedKeys, setSelectedKeys] = useState<Array<string>>(menKey.selectKeys);
  // 默认展示 keys
  const [defaultOpenKeys, setDefaultOpenKeys] = useState<Array<string>>(menKey.keys);
  return (
    <Menu
      defaultSelectedKeys={ selectedKeys }
      defaultOpenKeys={ defaultOpenKeys }
      mode="inline">
    </Menu>
  );
};

export default MyMens;
```

至此一个简单的菜单组件就封装好了。运行上述代码，会看到图 7-5 所示的效果。

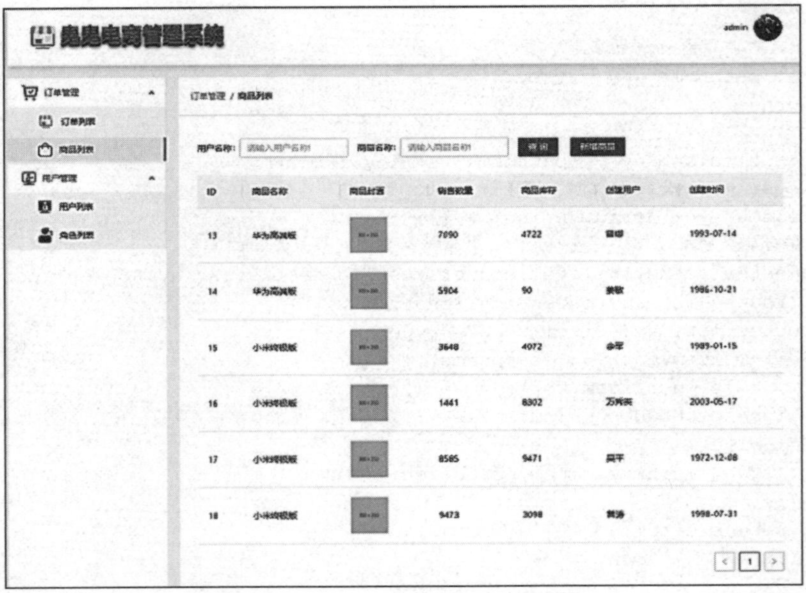

图 7-5　菜单组件封装后的效果

7.13　Breadcrumb 封装

本节需要实现这样的效果：路由切换，或者刷新当前页面可展示当前页面的层级关系。这里我们使用 ant Breadcrumb 作为基础组件，然后加上我们自己的业务进行二次封装。

实现思路：监听路由变化，根据当前路由 key 从整体路由中匹配，返回对应层级。

这里需要注意如下两点。

❑ 如果当前页面路由层级只有自己，或者只有自己和一级父页面，则不要有返回功能，因为此时的路由就在当前页面。

❑ 需要在 useEffect Hook 中监听路由的变化，以达到在每次更新页面的时候能够重新计算当前页面的层级关系。

实现代码如下。

```
// 导入相关依赖
import React, { FC, useEffect, useState } from 'react';
// 导入 UI 库中的基础 Breadcrumb
import { Breadcrumb } from 'antd';
import { RouterType } from '@/routes/interface';
import routes from '@/routes/index';
import { useHistory } from "react-router-dom";

// 定义面包屑节点的接口类型数据
interface selectItem {
  title:string,// 显示的名称
  path:string,// 用于点击跳转路由的路径
}

/**
 * 根据路由名称获取面包屑数据
 * @param pathname 路由名称
 * @returns 返回面包屑数据集合
 */
const getBreadcrumbs = (pathname:string):Array<selectItem>=>{
  let list:Array<selectItem>=[];
  const FindChildren = (item:RouterType,pathKey:string)=>{
    for(let j=0;j<item.children.length;j++){
      const citem=item.children[j];
      if(citem.path===pathKey){
        return { title:citem.title,path:citem.path };
      }
    }
  }

  // 遍历路由查找当前路由层级关系
  // 因为路由层级只有一层，所以此处无递归
  for(let i=0;i<routes.length;i++){
    list = [];
    const item = routes[i];
    list.push({title:item.title,path:item.path});
    if(item.path===pathname){
      return list;
```

```
      }else if(item.children){
        // 根据当前路由名称查找二级路由是否存在
        const isChildren = FindChildren(item,pathname);
        if(isChildren){
          list.push(isChildren);
          return list;
        }
      }
    }
  }
  return list;
}


/**
 * 过滤前后不可点击的
 * @param index
 * @param list
 * @returns
 */
const filterAround = (index:number,list:Array<selectItem>)=>{
  return (index==0&&list.length<3)||index==list.length-1
}


// 定义面包屑组件
const Breadcrumbs: FC = () => {
  // 使用 useHistory 返回当前路由对象
  const history = useHistory();
  // 定义面包屑数组对象
  const [list,setList] = useState<Array<selectItem>>([]);
  // 点击面包屑，跳转路由
  const onPush = (index:number)=>{
    if(!filterAround(index,list)){
      history.push(`#/${list[index].path}`);
    }
  }

  // URL 发生变化的时候重新生成页面面包屑
  useEffect(()=>{
    // 根据 URL 路径名称查找对应层级的面包屑
    const breadcrumbs = getBreadcrumbs(history.location.pathname);
    if(breadcrumbs.length>0){
      setList(breadcrumbs)
    }else{
      setList([])
    }
  },[history.location.pathname])

  return (
    <Breadcrumb>
    { list.map((item:selectItem,index:number)=>{
```

```
            return <Breadcrumb.Item key={index}>
                <a onClick={()=>onPush(index)}>
                  {item.title}
                </a>
              </Breadcrumb.Item>;
        })
      }
    </Breadcrumb>
  );
};

export default Breadcrumbs;
```

至此一个简单的 Breadcrumb 组件就封装好了。

7.14　异步 Modal 封装

Modal 弹框几乎是每个产品中都要有的组件，尤其是在一些管理后台类的项目中，几乎每个页面都有。

对 Modal 的错误使用往往会造成组件页面代码难以维护，还可能造成一些性能问题。实现一个 Modal 需要满足如下两点要求：

❏ 弹框的状态变量应尽量保存在当前展示组件内，这样维护性较好，在当前组件中可以直观看到弹框组件的状态数据；

❏ 在弹框组件显示前，不做前期的 DOM 渲染，从而避免当前页面弹框较多导致的性能问题。

下面介绍实现一个 Modal 的方法。

（1）编写 Modal 基础组件（DynamicModal）。因为 UI 库使用的是 ant，所以为了保持弹框样式风格统一和减少不必要功能的开发，我们使用 ant 的 Modal 作为基础组件。

在 src/compoents 目录下新建一个 DynamicModal 文件夹，根据组件编写规范，在此目录下新建 index.ts 和 index.less 文件。

具体实现代码如下。

```
// 导入相关依赖
import { Modal } from 'antd';
import React, { FC } from 'react';

// 弹框组件属性默认值
const defaultProps={
  visible: false,
  title: null,
  onCancel: () => {}
}
```

```
// 定义弹框接口类型数据
interface Props {
  children?:any, // 子元素内容 (非必需字段)
  visible: boolean;// 弹框状态
  title: string;// 弹框标题
  onCancel: () => void;// 弹框组件关闭事件
}

// 定义弹框组件, 设置弹框组件传递的参数, 并给参数设置默认值 defaultProps
const DynamicModal: FC<Props> = (props: Props = defaultProps) => {
  return (
    {/* 以 UI 库官方的 Modal 作为基础组件 */}
    <Modal
      className="dynamic-modal-warp"
      title={props.title}
      visible={props.visible}
      onCancel={props.onCancel}
      {/* footer 属性设置为空的目的是, 保持每个弹框业务组件的独立性 */} footer={null}>
      {/* 子组件 DOM 懒加载 */}
      <React.Suspense fallback={null}>
        {props.children}
      </React.Suspense>
    </Modal>
  );
};


export default DynamicModal;
```

为了保证子组件不在创建当前父页面的时候被提前导入和加载，我们使用 React. Suspense 达到懒加载的目的。

（2）编写弹框内容组件 AddBusiness。新建一个供弹框使用的 AddBusiness 业务组件，AddBusiness 的功能为添加商品的表单。相关实现代码如下。

```
// 导入相关依赖
import { Button, Form, Input} from 'antd';
import React, { FC, useState } from 'react';

// 定义弹框接口类型数据
interface propsType{
  onOk:(values:any)=>void,// 弹框确认事件
  onCancel:(values:any)=>void,// 弹框关闭事件
  data:any // 父组件传递的数据
}


// 定义添加商品表单业务组件
const AddBusiness: FC<propsType> = (props:propsType) => {
```

```
  // 提交表单事件
  const onFinish = (values: any) => {
    props.onOk(values)
  };

  // 为保持组件的统一性，每个组件的最外层元素需要设置一个 class，class 的名称为当前组件的驼峰
  // 下划线格式 -warp
  return (
    <div className="add-business-warp">
    {/* 业务表单内容 */}
      <Form
        name="basic"
        labelCol={{ span: 8 }}
        wrapperCol={{ span: 16 }}
        initialValues={{ userSetNumber: true }}
        onFinish={ onFinish }
        autoComplete="off">
        <Form.Item
          label="商品名称"
          name="title"
          rules={[{ required: true, message: '请输入商品名称！' }]}>
          <Input placeholder="请输入商品名称"/>
        </Form.Item>

      {/* 将弹框业务按钮放置在自己组件的内部，这样的好处是可以降低业务的耦合性，便于维护和扩展 */}
        <Form.Item wrapperCol={{ offset: 8, span: 16 }}>
          <Button type="primary" htmlType="submit">确认</Button>
          <Button className="m-l-20" type="primary"
            onClick={props.onCancel}>取消
          </Button>
        </Form.Item>
      </Form>
    </div>
  );
};
export default AddBusiness;
```

至此我们就可以在页面中使用这个弹框和组件了，使用方法如下。

```
// 导入相关依赖
import React, { FC, useState, useEffect, lazy } from 'react';
import { Button } from 'antd';
import { comMapType } from '@/Interface/common';
// 导入弹框基础组件
import DynamicModal from '@/compoents/DynamicModal';
// 导入弹框业务组件
// 弹框基础组件中配置了 React.Suspense，此处可以使用 lazy 实现懒加载，避免页面渲染的时候提前加载
const AddBusiness = lazy(() => import('./AddBusiness'));

// 因为一个页面可能存在多个弹框，所以我们通过一个对象来管理
const comMap:comMapType={
```

```
  'AddBusiness':{
    title:' 添加商品 ',
    comName:'AddBusiness'
  }
}

const BusinessList: FC = () => {
  // 弹框状态
  const [visible,setVisible]=useState<boolean>(false);
  // 被加载渲染的子组件名称
  const [comName,setComName]=useState<string>(null);

  /* 弹框确认事件 */
  const onOk=()=>{
    setVisible(false);
  }

  /* 弹框关闭事件 */
  const onCancel=()=>{
    setVisible(false);
  }

  /* 添加商品弹框 */
  const onAdd=(comName:string)=>{
    // 设置弹框组件名称
    setComName(comName);
    // 设置弹框组件显示状态
    setVisible(true);
  }

  /* 有多个组件的时候，我们通过 switch 来切换显示不同组件 */
  const getChiCom=()=>{
    switch(comName){
      case comMap.AddBusiness.comName:
        return <AddBusiness
          onOk={ onOk }
          onCancel={ onCancel }
          data={{}}
        />
    }
  }

  return (
    <section>
    {/* 点击按钮设置弹框组件名称和显示状态 */}
      <Button
        type='primary'
        onClick={ ()=>onAdd('AddBusiness') }>
        新增商品
      </Button>
```

```
          {/* 显示对应的业务弹框组件 */}
          <DynamicModal
          {...comMap[comName]}
            visible={ visible }
            onCancel={ onCancel }>
          { getChiCom() }
          </DynamicModal>
      </section>
   );
};


export default BusinessList;
```

至此一个简单的弹框组件就封装好了。

7.15　实现 SVG Icon

现在有这样一个场景需求：有一个新增按钮图标，当鼠标停留（hover）在该图标上的时候，图标颜色变成可点击色（通常为蓝色），鼠标移出的时候变成黑色。如果使用 PNG 格式的图片作为图标，就需要在两张不同颜色的图片间切换。显然这种做法是不合理的，这不仅增加了网络请求，交互体验也不是很好。因为这需要重启请求网络，如果网络不好，就会出现短时间空白。

有的读者可能会说，完全可以使用阿里云字体图标。这种方法同样存在一个问题：调用不同字体文件一样需要请求网络，而且这里资源文件不是很好维护，且不适合部分特殊场景（如内网场景）。

那么要如何做呢？最合适的做法是使用 SVG 做 Icon。

SVG 具有如下优势：

❏ 和传统的图像比起来，尺寸更小，且可压缩性更好；

❏ SVG 中的图像是可以编辑的，可以直接修改其颜色等属性；

❏ SVG 不会失帧，这保证了图标具有高清晰度和 UI 高保真度。

SVG 的常规使用方法如下。

```
<svg width="256" height="112" viewBox="0 0 256 112">
  <path ref='path' fill=" 颜色 " stroke="currentColor" stroke-width="1" d="M8***" >
  </path>
</svg>
```

可能大家已经发现了，常规的 SVG 使用方法比较麻烦。为了简化在项目中对 SVG 的使用，我们来实现一个 React Hooks 组件。这里需要用到一个插件——svg-sprite-loader，通过配置这个插件可以自动将指定目录的 SVG 文件转换为字体图标。

svg-sprite-loader 可以把 SVG 图标合并，并且为每个 SVG 生成唯一的标识 id，相关实现代码如下。

```
<svg xmlns="http://www.w3.org/2000/svg"
    xmlns:xlink="http://www.w3.org/1999/xlink">
  <symbol viewBox="0 0 1024 1024" id="svg 唯一名称 "></symbol>
</svg>
```

此时在页面中，每个 Icon 都对应着一个 symbol 元素。接下来在 HTML 中引入 SVG，随后通过 use 在任何需要 Icon 的地方指向 symbol：

```
<use xlink:href="#svg 唯一名称 "></use>
```

下面介绍 svg-sprite-loader 的使用步骤。

（1）安装必要的插件，具体方法如下。

```
npm install svg-sprite-loader
```

（2）在 Webpack 配置中添加对应配置，配置文件为 /config-overrides.js，该文件的具体内容如下。

```
const {
  override,
  addWebpackModuleRule
} = require('customize-cra');

module.exports = {
  webpack: override(
    addWebpackModuleRule({
      test: /\.svg$/,
      // 处理指定 svg 的文件夹
      include: path.resolve(__dirname, './src/assets/icons'),
      use: [{
        loader: 'svg-sprite-loader',
        options: {symbolId: "icon-[name]"}
        //icon- 前缀，可以自定义
      }]
    }),
  )
}
```

（3）全局导入 SVG，所涉文件为 /src/assets/icons/index.ts，该文件的具体内容如下。

```
// 手动去掉 SVG 中的 fill 属性，避免颜色冲突
const loadSvgs=()=>{
  const req = (require as any).context('./', false, /\.svg$/);
  const requireAll = (requireContext) => requireContext.keys().map(requireContext);
  requireAll(req);
}
```

```
loadSvgs();//保证在导入此文件的时候直接触发导入函数

export default {}
```

（4）封装 SvgIcon 组件。前面提到，我们之所以使用 SVG 图标，是因为 SVG 能够动态更改属性值，比如大小、颜色等。如果项目中使用的 SVG 图标比较多，显然需要封装一个公共的组件，以简化 SVG 图标的使用步骤。下面就来封装一个 SVG 图标组件（SvgIcon）。

```
// 导入依赖
import React, { FC } from 'react';

// 定义参数接口数据类型
interface Props {
  icon: string;
  className?: string;
}


const SvgIcon: FC<Props> = (props: Props) => {
  // 解构参数对象
  const { icon,className } = props;
  return (
    <svg aria-hidden='true' className={'svg-icon '+className}>
    {/* #icon- 前缀是 Webpack 中配置的 icon- 前缀 */}
      <use xlinkHref={'#icon-' + icon} />
    </svg>
  );
};

export default SvgIcon;
```

前面使用 svg-sprite-loader 插件自动转换了 SVG 文件，并且为 SVG 文件都生成了唯一的名称标识，所以我们在 props 参数对象中，传入一个 icon 字段，代表使用哪个 SVG，然后向 props 参数对象中传递一个 className 字段，用来控制 SVG 的样式。

至此一个简单的 SVG 图标组件就封装好了。那么此时的 SVG 要如何使用呢？

（1）从应用入口导入所有的 SVG 文件，具体方法如下。

```
import React from 'react';
import ReactDOM from 'react-dom';
// 导入 SVG 文件
import '@/assets/icons/index';
import App from './App';

ReactDOM.render(
  <App/>,
  document.getElementById('root')
);
```

（2）在业务组件中使用 SVG，具体方法如下。

```
import React from 'react';
// 导入封装的 SVG 图标组件
import SvgIcon from '@/compoents/SvgIcon';
const App = () => {
  return (
    {/*
      className：每个图标自定义 class
      icon：对应的 SVG 图标，例如 user-list.svg 的 icon 就为 user-list
    */}
    <SvgIcon icon='user-list' className="user-list"/>
  );
};

export default App;
```

7.16 打包与上线

随着前端自动化进程的发展，前端项目的部署也变得更加自动化、简单化、工程化。当前主流的部署方案如下：

❑ GitLab+Jenkins+Nginx；

❑ GitLab+Jenkins+Docker+Kubernetes+Nginx；

❑ GitLab+Walle+Nginx；

❑ 宝塔 +Nginx；

❑ Xshell 手动部署 +Nginx；

❑ 阿里云部署；

❑ 腾讯云部署。

不管部署方案如何五花八门，我们只需要学会基础的流程，其他方面就很容易上手。其中，前端静态项目部署基本都会涉及 Nginx。Nginx 对于前端开发人员是非常有必要花时间熟悉的。一个优秀的前端开发人员不仅要具有编码的能力，还要对上下游技术（如 Nginx）有一定了解。

学习 Nginx 的流程为：了解 Nginx 是什么、能做什么、有什么优势，然后进行一些基础实践。

为了简单，这里选用最原始的部署方式——Xshell 手动部署。再次提醒，Linux 的基本使用方法是必须掌握的。

为了能在线上环境中使用 Mock.js，笔者在每个 *.env 环境变量文件中加了一个测试使用的字段。（如果是正常的企业项目开发，有后端接口的，这个环境变量是不需要的。）

修改 src/.env.beta 文件，在其中新增 REACT_APP_IS_Mock 环境变量，该变量的默认值为 dev，代表开启调试 mock。具体如下。

```
REACT_APP_IS_Mock=dev
```

然后修改 Mock.js 中的判断规则，src/mock/index.ts 的内容如下。

```
// 项目正式上线后，可以去掉 process.env.REACT_APP_IS_Mock
if (process.env.NODE_ENV === 'development'
    ||process.env.REACT_APP_IS_Mock==='dev') {
  require('./order');
  require('./user');
}


export default {};
```

Webpack 的最终配置如下。

```
const {
  override,
  overrideDevServer,
  addWebpackAlias,
  fixBabelImports,
  addLessLoader,
  addWebpackPlugin,
  addWebpackModuleRule
} = require('customize-cra')
const CompressionWebpackPlugin = require('compression-webpack-plugin')
// 将 Moment 替换为 Day
const AntdDayjsWebpackPlugin = require('antd-dayjs-webpack-plugin')
const webpack = require('webpack')
const path = require('path')
const defaultThemeVars = require('antd/dist/default-theme')
// 打包体积优化
const addPushs = () => (config) => {
  if (process.env.NODE_ENV === 'production') {
    // 配置打包后的文件位置
    config.output.publicPath = './';
    config.plugins.push(
      new AntdDayjsWebpackPlugin(),
    )
  }
  return config
}

/**
 * 添加全局 Less
 * @param {*} config
 * @returns
 */
const addLessStyle=()=>(config)=>{
  const loaders = config.module.rules.find(rule => Array.isArray(rule.oneOf)).oneOf;
```

```
  const lessIndex = loaders.findIndex((item)=>{
    return item.test&&item.test.toString().indexOf('.less')!=-1
  })
  if(lessIndex!=-1){
    loaders[lessIndex].use.push({
      loader: 'style-resources-loader',
      options: {
        patterns: path.resolve(__dirname, 'src/theme/global.less')
        // 全局引入公共的 Scss 文件
      }
    })
  }
  return config
}


module.exports = {
  webpack: override(
    // 处理指定 SVG 的文件
    addWebpackModuleRule({
      test: /\.svg$/,
      include: path.resolve(__dirname, './src/assets/icons'),
      use: [{
        loader: 'svg-sprite-loader',
        options: {symbolId: "icon-[name]"}
      }]
    }),
    // 配置路径别名
    addWebpackAlias({
      '@': path.resolve('src')
    }),
    addPushs(),
    // 针对 antd 实现按需打包：根据 import 来打包（使用 babel-plugin-import）
    fixBabelImports('import', {
      libraryName: 'antd',
      libraryDirectory: 'es',
      style: true // 自动打包相关的样式，默认为 style:'css'
    }),
    // 使用 less-loader 对源码中的 Less 的变量进行重新制定，设置 antd 自定义主题
    addLessLoader({
      javascriptEnabled: true,
      modifyVars: {
        hack: `true;@import "${require.resolve(
          'antd/lib/style/color/colorPalette.less'
        )}";`,
        ...defaultThemeVars,
        '@primary-color': '#6e41ff',
        "@heading-color": "#000000d9"
      },
      localIdentName: '[local]--[hash:base64:5]'
```

```
        }),
        addLessStyle()
    )
}
```

运行打包命令：

```
npm run build:beta
```

接下来就是发布了，我们首先需要具有满足以下条件的发布环境：

❑　有自己的服务器（没有的可以去阿里云等平台购买一台，最便宜的仅需几元钱）；

❑　Linux 上已经安装了 Nginx；

❑　正确配置了 Nginx。

其中需要重点强调的就是正确配置 Nginx。在服务器上安装完 Nginx 后，修改 Nginx 目录下的 conf 目录中的 nginx.conf 文件，具体如下：

```
server{
    // 服务域名（配置 localhost 的话就可以用 IP 访问，当然这里可以配置自己的域名）
    server_name    localhost;
    // 自定义服务端口（Nginx 是可以配置重复端口的）
    listen 80;
    location / {
        // 资源文件路径
        root /etc/nginx/react-hooks-ts-admin;
        // 单页面应用（history 模式）需要配置的路由重定向
        try_files $uri $uri/ @router;
        // 首页匹配默认跳转
        index index.html index.htm;
    }
}
```

修改完成 Nginx 配置后，启动 Nginx，命令如下。

```
start nginx    // 启动 Nginx

nginx -s reload // 重启 Nginx
```

启动成功后，通过 IP 访问服务器地址 +Nginx 端口号就能正常访问我们部署的项目了。

正常的企业级项目 Nginx 安装成功后，还需要配置 Nginx 开机启动，这些内容不在本书范围内，所以这里就不展开了。大家若是不了解，可以去网上查阅相关资料。

限于篇幅，本书只罗列了部分项目代码，如需完整项目代码，请访问 GitHub 仓库地址 https://github.com/yangyunhai/my-react-hooks-ts.git 免费下载。

推 荐 阅 读

华章前端经典

推荐阅读

WebAssembly原理与核心技术

- ○ 作者是资深WebAssembly技术专家和虚拟机技术专家,对Java、Go和Lua等语言及其虚拟机有非常深入的研究
- ○ 从工作原理、核心技术和规范3个维度全面解读WebAssembly,同时给出具体实现思路和代码

面向WebAssembly编程:应用开发方法与实践

- ○ WebAssembly先驱者和布道者撰写
- ○ 详细讲解使用C/C++/Rust等高级语言开发WebAssembly应用的技术和方法

推 荐 阅 读

Electron实战：入门、进阶与性能优化

　　本书以实战为导向，讲解了如何用Electron结合现代前端技术来开发桌面应用。不仅全面介绍了Electron入门需要掌握的功能和原理，而且还针对Electron开发中的重点和难点进行了重点讲解，旨在帮助读者实现快速进阶。作者是Electron领域的早期实践者，项目经验非常丰富，本书内容得到了来自阿里等大企业的一线专家的高度评价。

　　本书遵循渐进式的原则逐步传递知识给读者，书中以Electron知识为主线并对现代前端知识进行了有序的整合，对易发问题从深层原理的角度进行讲解，对普适需求以最佳实践的方式进行讲解，同时还介绍了Electron生态内的大量优秀组件和项目。

深入浅出Electron：原理、工程与实践

　　这是一本能帮助读者夯实Electron基础进而开发出稳定、健壮的Electron应用的著作。

　　书中对Electron的工作原理、大型工程构建、常见技术方案、周边生态工具等进行了细致、深入地讲解。

　　工作原理维度：

　　对Electron及其周边工具的原理进行了深入讲解，包括Electron依赖包的原理、Electron原理、electron-builder的原理等。

　　工程构建维度：

　　讲解了如何驾驭和构建一个大型Electron工程，包括使用各种现代前端构建工具构建Electron工程、自动化测试、编译和调试Electron源码等。

　　技术方案维度：

　　总结了实践过程中遇到的一些技术难题以及应对这些难题的技术方案，包括跨进程消息总线、窗口池、大数据渲染、点对点通信等。

　　周边工具维度：

　　作者根据自己的"踩坑"经验和教训，有针对性地讲解了大量Electron的周边工具、库和技术，涉及Qt开发框架、C++语言、Node.js框架甚至Vite构建工具等，帮助读者拓宽技术广度，掌握开发Electron应用需要的全栈技术。